U0151695

计算思维入门

像计算机科学家一样去思考

开课吧◎组编

欧岩亮　牛骄阳◎编著

机械工业出版社

CHINA MACHINE PRESS

本书从日常任务到算法，专注于计算思维的讲解，读者通过交互式的学习过程，不需要编程能力，即可学习计算机科学中的关键思想。

在本书中，读者将跟随面包师、图书管理员和城市交通枢纽的站长，一起去了解运用计算机科学解决问题的方法，以及这些方法是如何影响他们的日常生活的。读者将通过动手实践的方式学习一些具体的算法以及这些算法背后的一般性原理，并学会像计算机科学家一样去思考。

对于想学习计算机基础知识的中学生或大学生，或者想加强对计算机科学核心概念理解的初级计算机专业人员，本书都是理想的选择。

图书在版编目（CIP）数据

计算思维入门：像计算机科学家一样去思考 / 开课吧组编；欧岩亮，牛骄阳编著. —北京：机械工业出版社，2021.8

（数字化人才职场赋能系列丛书）

ISBN 978-7-111-68941-6

Ⅰ.①计… Ⅱ.①开…②欧…③牛… Ⅲ.①计算方法—思维方法—普及读物 Ⅳ.①O241-49

中国版本图书馆CIP数据核字（2021）第160591号

机械工业出版社（北京市百万庄大街22号 邮政编码：100037）

策划编辑：张淑谦 责任编辑：张淑谦 赵小花
责任校对：徐红语 责任印制：郜 敏
北京瑞禾彩色印刷有限公司印刷
2021年9月第1版第1次印刷
148mm × 210mm · 6印张 · 152千字
0001—4500册
标准书号：ISBN 978-7-111-68941-6
定价：89.00元

电话服务　　　　　　　　　　　网络服务
客服电话：010-88361066　　　机 工 官 网：www.cmpbook.com
　　　　　010-88379833　　　机 工 官 博：weibo.com/cmp1952
　　　　　010-68326294　　　金 书 网：www.golden-book.com
封底无防伪标均为盗版　　　机工教育服务网：www.cmpedu.com

前　言

　　什么是计算思维？它为什么如此重要？也许你会认为，本书是在教你如何编程，其实并不是。首先来看看计算思维是什么：计算思维能够帮助我们处理复杂的问题，了解问题是什么，探寻可能的解决方案，并以计算机、人类或两者都能理解的方式呈现出这些问题的解决方案。简单来说，计算思维是一种解决问题的能力。

　　再来看看计算思维的四个基石。

　　● 分解思维：将复杂的问题拆解成更简单、容易解决的小问题。

　　● 模式识别：找出不同问题的共同点，从而举一反三。

　　● 抽象化：只关注关键信息，忽略不相关的细节，找出问题的核心。

　　● 算法：制订分步解决问题的方案，或解决问题需要遵循的规则。

　　计算思维几乎可以运用在任何行业的任何岗位中，在计算思维的帮助下，你可以分析现有数据、解释和可视化复杂现象，根据事实预测并创建解决复杂问题的模型。基本上任何一个复杂问题都可以分解成小模块，单独处理每个小模块，然后把所有结果重新组合起来，就可以解决这个复杂问题。

近些年来，计算思维逐渐成为数字化时代人们必备的基本思维方式，并融入义务教育等教学实践中。尽管计算思维看起来比较复杂，但它却是非常容易理解和掌握的思维方式。本书将通过不同的场景和有趣的案例来展示计算思维在生活和工作中的应用，并拓展为计算机科学的思维方式和基本概念，使大家在阅读过程中能够轻松掌握其中的奥妙。让我们开始学习吧！

编　者

目 录

前言

第 3 篇　算法思维（高效工具的底层思维）

深入研究算法以破解谜题，解决复杂问题。

计算机科学工具

（计算机是伟大的工具）

第 1 篇

计算机科学可以帮助我们

理解身边的世界！

第1章 做决策
——如何把大的决策"变简单"？

计算机能够使用决策树将许多简单的决策转变为一个大决策，还能够以非常快的速度处理信息并反馈结果。

在计算机科学中，学习并理解计算机如何正确地做决策，是很重要的一部分。

在这一章，你将学习计算机如何通过一些简单的判定来又快又准确地完成某个复杂的判断。

决策树是计算机做决策的一种方式。

决策树将一系列简单的"是否"判定问题进行编码来解决复杂问题。

下面是一个简单的智能面部特征识别器。

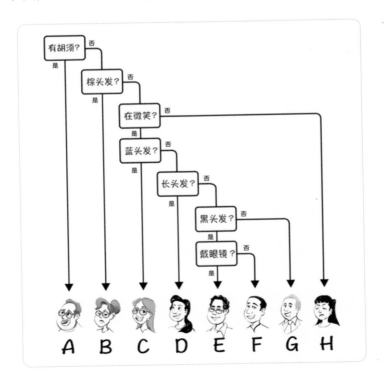

练习：

在这个智能面部识别器中，识别下面哪个面部所需的路径最长？

↖ 面孔 C。

↖ 面孔 E。

↖ 面孔 G。

↖ 面孔 H。

正确答案：

面孔 E。

答案解析：

在这个问题中，区分面孔 E 和 F 需要 7 个问题（除了最后一个关于眼镜的问题之外，识别其他面孔最多需要 6 个问题）。

以下是识别面孔 E 所需的问题和相应的答案：

① 他有胡须吗？　　　　（否）

② 他有棕色的头发吗？（否）

③ 他在微笑吗？　　　　（是）

④ 他有蓝色的头发吗？（否）

⑤ 他是长发吗？　　　　（否）

⑥ 他是黑发吗？　　　　（是）

⑦ 他戴眼镜吗？　　　　（是）

相比之下：

识别面部 C 需要 4 个问题，识别面部 G 需要 6 个问题，识别面部 H 需要 3 个问题。

所以，正确答案是面孔 E，需要 7 个问题。

让我们一起学习怎样建立一个决策树吧。

计算机可以从图像中得到一系列简单的特征信息，例如，戴眼镜、长头发、张着嘴。

然后，计算机可以利用这些特征信息构建决策树，对简单的特征问题进行判断，从而识别出目标，并做出决策。

Tips: 第一个问题非常重要，它位于决策树的顶部。

练习：

如果要创建一个决策树，将所有面孔分为两组，每一组有两张面孔，那么应该首先识别面孔的哪个特征，或者说先问下面的哪个问题呢？

▶ 他 / 她留着长头发吗？

▶ 他 / 她的嘴是张着的吗？

▶ 他 / 她戴着眼镜吗？

▶ 以上答案都不对。

正确答案：

他 / 她的嘴是张着的吗？

答案解析：

将四张面孔划分为"两两一组"的第一个问题应该是：

"他 / 她的嘴是张着的吗？"

另外两个问题虽然也可以将面孔区分为两组，但两组的面孔数量不同，一组有三张面孔，另一组只有一张面孔：

• "他 / 她留着长头发吗？"（"是"三张；"否"一张）

• "他 / 她戴着眼镜吗？"（"是"一张；"否"三张）

第 4 节

通常情况下，决策树中的"第一个问题"可以将面孔十分明确地划分为两组。

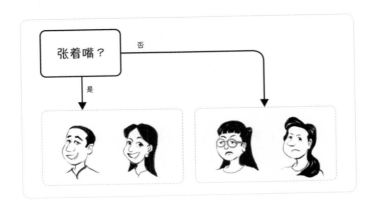

练习：

以下哪个问题可以同时将两组面孔做进一步的划分呢？

➤ 他／她留着长头发吗？

➤ 他／她有蓝色的头发吗？

➤ 他／她戴着眼镜吗？

➤ 以上答案都不对。

正确答案：
以上答案都不对。

答案解析：
以上问题均不能同时适用于两个分组。

在右边的分组中，有两张闭着嘴、皱着眉头的面孔，眼镜是上述问题中唯一可以区分他／她的特征。

在左侧的分组中，只有"他／她是否留着长头发"这个问题可以区分两张面孔。

在上一节的练习中，你所获得的答案选项都无法进一步划分两个分组。

但是，你可以在第二层用不同的问题来建立决策树，根据第一个问题答案的分流，针对两个不同的分组提出各自的问题，从而将四张面孔区分开来。

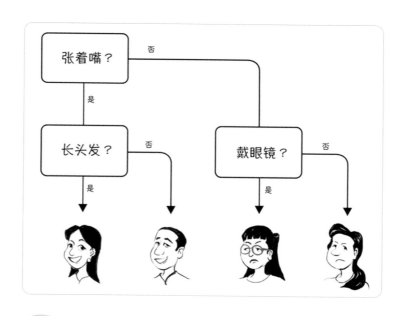

Tips: 决策树的这种灵活性可以使它在计算机中高效运行。

在决策树的最后一层，通过不同的问题将面孔划分为不能再拆分的组，这种决策树称为"平衡树"。

如果我们更精心地设计问题，就可以建立更高效的平衡树来区分所有的面孔。

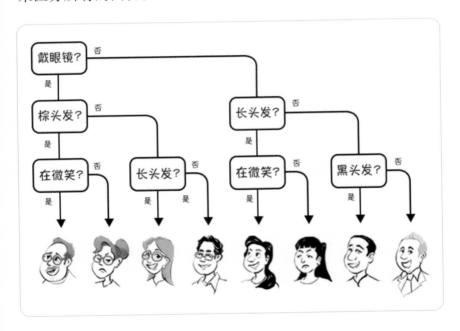

练习：

如果你是一台计算机，正在使用上图所示决策树来区分面孔，请问平均需要问多少个问题才能识别出任意一张面孔呢？

▷ 2 个。

▶ 3 个。

▶ 4 个。

▶ 7 个。

正确答案：

3 个。

答案解析：

在图示决策树的计算机程序中，至少需要精确地回答 3 个问题，才能最终确定 8 张面孔中的其中一张，例如：

为了识别最右边的面孔，这 3 个问题将是这样的：

① 他 / 她戴着眼镜吗？　　　（否）

② 他 / 她有长头发吗？　　　（否）

③ 他 / 她有黑色的头发吗？　（否）

经过这 3 个问题之后，最终可以识别出 8 张面孔中最右边的那张。

要识别有着蓝色头发的面孔，这 3 个问题将是下面这样的：

① 他 / 她戴着眼镜吗？　　　（是）

② 他 / 她有棕色的头发吗？　（否）

③ 他 / 她有长头发吗？　　　（是）

这 3 个问题可以在 8 张面孔中找出有着蓝色头发的面孔。

由于精准地识别每张面孔都需要 3 个问题，所以平均问题数是 3。

第 7 节

所设计的问题数量会导致决策树的形状产生非常大的变化。

还记得在上一节学习的平衡树吗？它仅通过 3 个问题就可以识别一张面孔。

而我们在本章的第 2 节中见到的第一个决策树，虽然也可以精准地区分 8 张面孔，但是相对应的问题数量却更多。

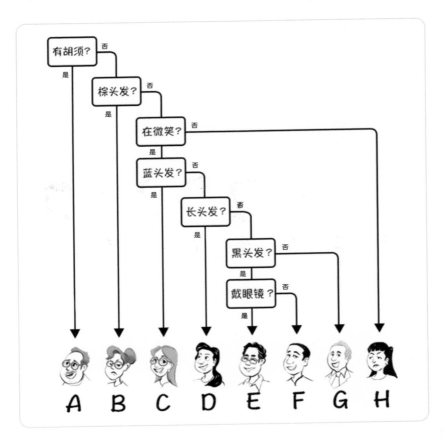

练习：

使用这个决策树，有多少个面孔需要用 3 个以上的问题来识别？

▶ 3 个。

▶ 4 个。

▶ 5 个。

▶ 6 个。

正确答案：
5 个。

答案解析：
下图显示的是识别每张面孔所需的问题数量。

决策树的前 3 个问题"他 / 她留着胡须吗？""他 / 她有棕色的头发吗？""他 / 她在微笑吗？"只能识别出 3 张面孔，另外 5 张面孔需要 3 个以上的问题才能被识别。

因此，如果计算机上用两个决策树算法分别随机识别一张面孔，那么上图显示的决策树在大多数情况下会输给平衡树。

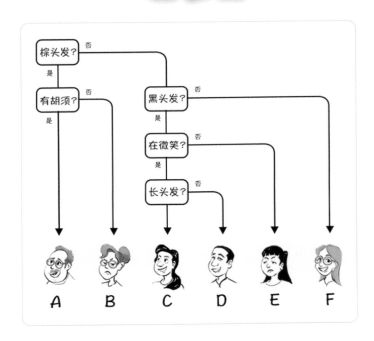

练习:

　　图中的决策树包含区分 6 个面孔的特征问题,如果使用该决策树来识别下面这张新面孔,最终将落在哪张面孔上?

➤ 面孔 A。

➤ 面孔 D。

➤ 面孔 E。

➤ 面孔 F。

正确答案：

面孔 F。

答案解析：

因为新面孔没有棕色头发，所以在第一个问题中将遵循"否"的路径。

同样，由于新面孔没有黑头发，所以在第二个问题中也将遵循"否"的路径。

这最终会导致识别到 F 面孔上。

第 9 节

你可能认为决策树在识别这张新面孔上做得不够好，显然两张面孔之间存在较大的差异。但是，计算机却认为他们是相似的！

决策树可以完美识别原始的 6 张面孔，但是，只是改变了人物 A 的部分外部特征，决策树就无法将他与蓝色头发的面孔 F 区分开了。

这只是个简单的例子，但如果放眼于现实世界，你会看到很多有着相同失败原因的案例。

由于计算机是根据有限的信息设计出来的，所以难免由于信息不足而有所失误。计算机"犯起错来"可能会很有趣。

这些错误之所以出现，是因为决策树"看"不到究竟是面包还是小狗，它们只能被限制在人类设定好的程序中，根据非常有限的信息来判断。

上图中，计算机只能分辨出黑色圆圈的位置，以及黑色圆圈在一个咖啡色圆圈里面。

如果计算机认为咖啡色的巧克力风味蛋糕其实是一只小狗，那黑色圆圈可能会被认为是狗的粪便。

还有一些更加糟糕的情况——许多在现实生活中进行面部识别的程序对肤色较深的面孔识别效果不佳。

在设计面部识别程序时，如果使用的图片过于偏向浅肤色，就会出现这种情况。程序得到的关于深肤色的特征信息会很少，进而导致无法对深肤色的面孔做出精准的分类或判断。

我们来总结一下决策树的特点。

● 程序擅长快速地回答简单问题。

● 决策树将复杂的决策过程拆解成简单的小问题。

● 问题的顺序会影响问题的数量，问题的数量会影响效率。

● 在设计决策树时，如果信息不完整，可能会导致意想不到的结果。

遗憾的是，决策树并不能解决所有的问题。

举个例子，你要如何用决策树来整理一副纸牌呢？

在后面的学习中，你将掌握更多的计算机科学工具去解决复杂的问题。

总结

什么是决策树？

决策树是一种十分常见的分类方法。在给定的一些样本中，每个样本都有一组属性特征，我们要用最少种类的属性特征，通过一步步分类来区分每一个样本，把这个过程画成图形很像一棵树，所以我们称之为决策树。

思考：

在日常生活和工作中，碰到一些比较烦琐的或不确定因素较多的复杂问题时，可以尝试利用决策树的特性，将复杂问题一步步拆解成若干个简单问题，解决了这些简单问题，复杂问题自然迎刃而解。

第 2 章 寻找解决方案
——几乎什么问题都能解决的"笨办法"

第 1 节

有的时候，解决计算问题的正确方法就是使用"蛮力"。

俄罗斯的一个城市加里宁格勒（Kaliningrad）位于波兰以北大约 30 千米的地方，普雷戈利亚河（Pregolya River）从这座城市汇入波罗的海（Baltic Sea）。

这座城市在 18 世纪的数学史上赫赫有名，当时它还不叫加里宁格勒，而是叫哥尼斯堡（Königsberg），有 7 座桥把城市中心的河岛和河岸连接起来。

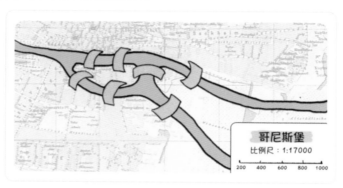

在这次的学习中，将会探索关于这 7 座桥的经典谜题，并寻找一个不太实用但颇为有趣的方法来解决这个谜题。在下一章的学习和探索中，我们将研究一个更实用的替代方案。

根据七座桥的排列方式，人们提出了一个简单的是否问题："你能从城市的任意地点开始，一次性通过这 7 座桥，且每座桥只通过一次吗？"（不可以游泳）。

人们在解谜的过程中很容易陷入困境。下图演示了一种穿过城市的路径，但是在通过 4 座桥后就被卡住了，因为如果不重复通过某座桥的话，就无法通过其他的桥了。

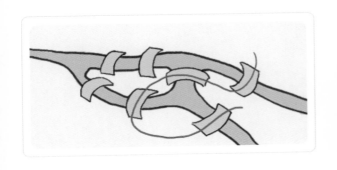

事实证明，即便可以从**任意地方**开始和结束，也不可能一次通过这 7 座桥。当你开始思考并试图解释原因时，就进入有趣的计算机科学领域了。

练习：

你可以找到一条路，在被困之前一次通过 6 座桥吗？记住，**你不可以重复通过**任意一座桥。

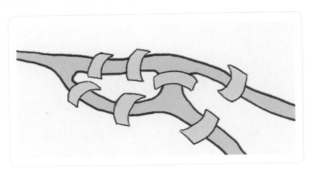

◥可以。

◥不可以。

正确答案：

可以。

答案解析：

有很多种方式可以在被困之前一次性通过 6 座桥，下面是其中一种。

在路径最后，你被困住了。你在北边（最上面）的岸上，无法到达中央那座连接两个岛屿的桥梁。

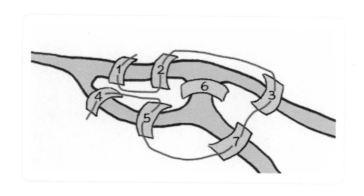

尽管可以随意选一个位置开始或结束，你也没有办法完全地一次性通过这 7 座桥，最多通过 6 座桥后就会被困住。

练习：

下面把问题转换一种方式，以加深理解。如果可以从城市的任意地点开始或者结束，每座桥能且仅能通过一次，那么你在被困之前可以通过的桥梁数最少是多少？

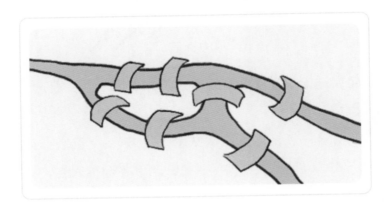

▶ 3 个。

▶ 4 个。

▶ 5 个。

▶ 6 个。

正确答案：

3 个。

答案解析：

你可以从东岛出发，穿越到北岸，再穿越到中央的小岛，最后回到北岸，这样一来经过 3 座桥后你就被困住了。

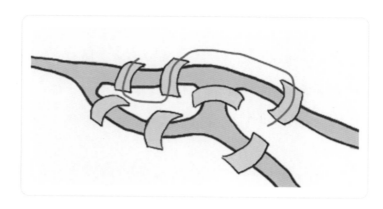

比起穿过 3 座桥，更难的是证明你永远不会在通过 2 座桥后陷入困境。

要证明这一点，你可以试试用"蛮力"：尝试所有通过 2 座桥的方式，以证明在任何一种方式下都不会被困住。

如果还不知道是否存在"哥尼斯堡 7 桥"谜题的解，你可以尝试随机法，从任意一个地方开始，随机穿过一座桥，直到成功或被困。

如果存在解的话，通过这样一遍一遍的随机尝试，总能找到一条路径。

但是，如果要证明没有解的存在，反复进行随机探索就不是一个能说服我们的好办法了。我们永远无法确定，是否会因为运气差而错过了某些解决方案。

你可能会想，是否会有一种系统化的方法来探索这座神奇的城市，可以确保找到所有通过各个桥的组合。有一种计算机科学家使用的系统化探索方法叫作"深度优先搜索（Depth-First Search）"，这里暂不展开讨论，在后面的章节中会有更为深入的内容。

在计算机科学中，有时候寻找一种可以用"蛮力"求解问题的方法是可取的。如果能列举出所有解决方案，也能检验每个方案的正确性和有效性，那么就可以采取检验所有可能方案直至找到正解的求解方法。

在"哥尼斯堡 7 桥"案例中，可以先给每座桥进行编号，分别为 1~7。

任何一种解决方案都应该是 7 座桥的编号组成的序列，也就是 7 个数字的排列。

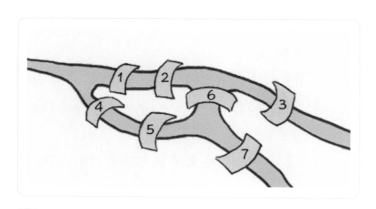

Tips: "排列组合"就是指从给定个数的元素中取出指定个数的元素进行排序。例如，A、B、C 3个元素的可能排列是 ABC、ACB、BCA、BAC、CBA 和 CAB。

我们可以列出每一种排列组合，依次检验，查看数字序列代表的实际路线是否可行（不可以游泳）。如果这些数字序列中的任何一个行得通，那么它就是"哥尼斯堡7桥"谜题的解。

练习：

使用这种数字排列的求解方案，一共需要检查多少种不同的排列情况，才能证明一次性通过哥尼斯堡7桥是无解的？

- 大约 50 次。
- 大约 5000 次。
- 大约 50 万次。
- 大约 5000 万次。

正确答案：

大约 5000 次。

答案解析：

7 个数字组成的不同排列数是 $7 \times 6 \times 5 \times 4 \times 3 \times 2 \times 1 = 5040$。

可能的情况非常多，以至于很难靠人工逐一检验，但有了计算机，便可以让检验变得非常快速。

假设有一台计算机，它每秒可以检查 5040 种不同的排列（也就是说，这台计算机只需要用 1 秒钟就可以完成对"哥尼斯堡 7 桥"所有不同排列情况的检验）。

练习：

2006 年，宾夕法尼亚州匹兹堡的一项统计结果表明，该市共有 446 座桥梁。如果用相同的计算机和同样的方法来检查是否能在不离开匹兹堡的任何道路的情况下，一次性通过所有桥梁，那么预计需要多长时间？

▸ 大约一个小时。

▸ 大约一年。

▸ 大约一辈子。

▸ 比预测的宇宙毁灭时间还要长。

正确答案：
比预测的宇宙毁灭时间还要长。

答案解析：

n 个数字可以形成的排列数量用阶乘 $n!$ 来计算，n 的阶乘会随着 n 的增大而迅速增大。

我们可以用简单的经验法则来猜测答案，因为阶乘的数值会变得非常大，而且增长非常快。

还有一个更科学的方法可以排除前 3 个答案。

• 7！是 5040，这个数字是每秒钟计算机可以检验的排列数量（这是我们刚刚从"哥尼斯堡 7 桥"案例中获得的经验假设）。

• 在 1 分钟内，计算机可以检验的排列数量少于 $9!=7! \times 8 \times 9$ 种可能，因为 1 分钟有 60 秒，并且 $60 < 8 \times 9 = 72$；

• 在 1 小时内，计算机可以检查的排列数量少于 $11!=9! \times 10 \times 11$ 种可能，因为 1 小时有 60 分钟，并且 $60 < 10 \times 11 = 110$；

• 在 1 天内，计算机可以检查的排列数量少于 13！种可能，

1 天有 24 小时，并且 24<12 × 13=156；

● 在 1 年内，计算机可以检查的排列数量少于 16! 种可能，因为 1 年有 365 天，并且 365<14 × 15 × 16=3360；

● 人的一生少于 17 × 18=306 年，那么计算机可以检验的排列数量少于 18!。

上述推导过程排除了前 3 个答案，下面证明最后一个选项的正确性。

从前面的计算中已经知道，在 1 年内，计算机能够检验的排列数量少于 16! 个，又因为 116!>16!>10^{100}，所以计算机检验 116! 个排列的时间将多于 10^{100} 年，也就是说，比人们预测的宇宙毁灭时间还要长，那么要检查 446! 个匹兹堡大桥组成的排列个数将花费更多的时间。

想要判断"哥尼斯堡 7 桥"谜题能否找到答案并不难，只需逐一列出所有桥的排列方式，并逐个检验每个排列的正确性。

但是，这种依靠"蛮力"的解题方案并不是特别令人满意，一旦再多几座桥，它就不一定奏效了。下一章会讲解更巧妙的解题方案。

对于计算机科学中很多重要的难题，获得最佳解的最好方法可能就是使用"蛮力"：列出所有可能的解，然后快速检查每一个可能的解。这样做的原因可能是没有更好的方法，但也可能是人们还没有想到更好的办法。对于大多数已经在使用"蛮力"解决的问题，人们现在还不知道更好的方法。

在计算机科学中，使用"蛮力"解决问题是一个非常重要的方法，但是，当问题变得稍微复杂一点的时候，使用"蛮力"的方法就会变得困难无比。

总结

● "蛮力"算法也称为枚举算法，在进行归纳推理时，逐个考察某类事件的所有可能情况，得出一般结论。"蛮力"算法是通过牺牲时间来换取答案的全面性。

● "蛮力"算法因为要列举问题的所有可能答案，所以得到的结果肯定是正确的，但是效率低下，通常会涉及求极值（如最大、最小、最重等），数据量大的话，可能会耗费太长的时间。

第3章

用图思考

——让问题变得"看得懂"

你能从城市的任意地点开始，一次通过 7 座桥，且每座桥只通过一次吗？

在前面的学习中，我们已经知道：不可以。但是更有意思的是解释为什么不行！

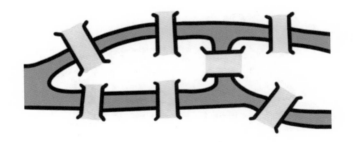

在上一章中，我们尝试用计算机最擅长的"蛮力"方法来解决问题：通过检验每一种过桥的顺序，寻找可能的解决方案。

但它只适用于桥梁数量较少的情况。

实际上，我们可以进一步去寻找桥的数量更多时的解题方法，基本的思路是把问题进行抽象，用更为一般的方式对问题重新思考。

现在，我们尝试换一种思考方式，对问题进行简化：哥尼斯堡的地形对解决问题本身其实并不重要——在不通过桥的情况下，你可以从北岸的任何一处去往北岸的任何其他地方。

那么，计算机科学家就可以把这 4 块陆地表示为 4 个点。由于在东部和西部各有一个岛，而河岸在南部和北部，所以给这 4 块陆地贴上 E（East，东）、W（West，西）、S（South，南）和 N（North，北）4 个标签。

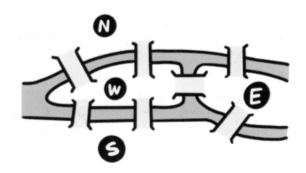

　　另外，桥梁的精确位置和形状也无关紧要，可以用点和点之间的连线代替桥，这些连线也可以被理解为过桥的路线。

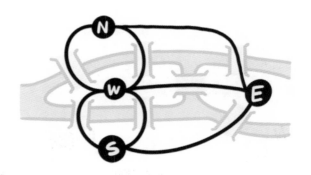

　　现在，我们就构造了一个被称为"图"的结构。

　　数学家或计算机科学家一般会把标记的 E、W、S 和 N 点称为"顶点"，连接它们的曲线（过桥路线）称为"边"。

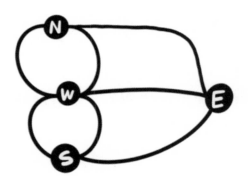

计算机科学家非常善于利用图解决问题。这里所说的图并不是那种有 X 轴和 Y 轴的坐标图（尽管它们也很有用），计算机科学家对那些"由边连接起来的顶点所组成的图"更感兴趣。

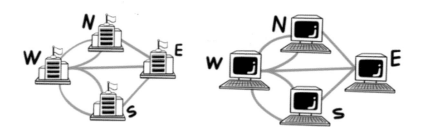

在生活中，很多重要的事物都可以用图来表示。

比如说，如果计算机科学家想要表达电网的结构，那么他们会把发电站所在的城市表示为顶点，把城市之间的电缆表示为边；如果要表示一个计算机网络，就可以把计算机表示为顶点，把它们之间的网络连接表示为边。

练习：

如果你是一位为政府工作的计算机科学家，你会对以下哪些图感兴趣呢？（多选题）

▶ 道路交叉口是顶点，道路是边。

▶ 救护车和医护人员是顶点，医护人员和他们所使用的救护车之间的关系是边。

▶ 电线杆是顶点，电缆是边。

正确答案：

3 个选项都是。

答案解析：

现实生活里的很多情况都可以用图来表示。总体上看，计算机科学家真的很喜欢把问题看作图的问题。

比如说，"城市道路图"是大多数 GPS 导航设备的基础。

一张包含所有电线杆和电缆连接的图可以帮助人们预测，某个电线杆被撞倒的时候会导致哪些地区停电或失去手机信号。

由救护车和医护人员组成的图是一种特殊图，被称为"二部图"，因为它有两组不同的顶点（二部图的字面意思是"两部分"，又被称为"二分图"）。如果医院需要对使用救护车的人员进行传染病接触追踪，以便确定哪些人可能会因为与某个之后确诊患病的医护人员乘坐过同一辆救护车而存在被感染风险，那么这个图将意义重大。

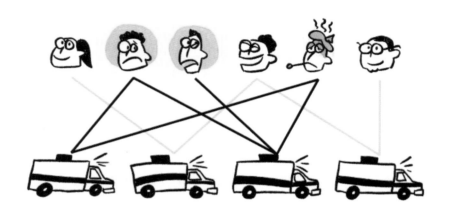

这是代表"哥尼斯堡 7 桥"的图，有 4 个顶点和 7 条边。

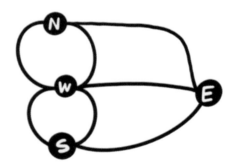

练习：

上图中有多少顶点有奇数条边？

⬩1 个。

⬏ 2 个。

⬏ 3 个。

⬏ 4 个。

正确答案：

4 个。

答案解析：

这 4 个顶点的边数都是奇数。其中，W 顶点有 5 条边，其他顶点各有 3 条边。

现在是时候利用图来重新破解 "哥尼斯堡 7 桥" 之谜了！

你能在图中沿着边从一个顶点到另一个顶点，且每条边只经过一次吗？

从图中任意一个点开始到任意一个点结束，如果能够找到一条路径，使得通过且仅通过每条边一次，这条路径就称为 "欧拉路径"。

欧拉路径以 Leonhard Euler 的名字命名，他被认为是第一个破解了 "哥尼斯堡 7 桥" 之谜的人。

此处的动画展示了两次失败的欧拉路径的探索，以及一次成功的探索。

欧拉路径只要求每条边经过且仅经过一次，顶点经过多少次并不限定。

第 6 节

回顾一下，如果图中存在可以途经每条边恰好一次的路径，则该路径称为"欧拉路径"。下面我们深入思考一下，当路径经过顶点时会发生什么事情。

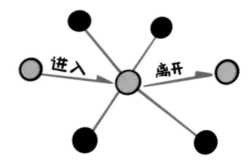

无论一个顶点有多少条边，当路径通过一个顶点时，都会使用它的两条边：一条在到达顶点前通过，另一条在离开时通过。

练习：

想象一下，有一个存在欧拉路径的图，其中一个顶点有奇数条边。那么，下面哪个说法是正确的?

▶ 欧拉路径不会经过该顶点。

▶ 欧拉路径会开始或结束于该顶点。

▶ 该顶点不是欧拉路径的起点或终点。

正确答案：

欧拉路径开始或结束于顶点。

答案解析：

总会从一条边抵达顶点，从另一条边离开此顶点，所以经过的边将减少两条。只有两种方法可以将未经过的边数以奇数减少。

① 从顶点开始，因为离开顶点只会减少一条未经过的边。

② 在顶点结束，因为抵达顶点且不再离开只会减少一条未经过的边。

再看看这两个错误的答案。

① 欧拉路径不会经过该顶点。

这个答案是不正确的，因为如果该顶点至少有一条边，那这条边一定在欧拉路径上（此图存在欧拉路径，也就是说欧拉路径一定经过该顶点）。

② 该顶点不是欧拉路径的起点或终点。

这个答案也是不正确的：因为如果顶点有奇数条边，却不是欧拉路径的起点或终点，那么当欧拉路径经过该点时，一定会减少两条未经过的边。由于欧拉路径必须经过每一条边，所以除非欧拉路径从该点开始或结束，否则永远无法消除最后一条边。

你刚刚学习到了两个事实。

① 如果一个顶点有奇数条边，则它必须是欧拉路径的起点或终点（这是所有图共有的事实）。

② 表示"哥尼斯堡 7 桥"之谜的图有 4 个顶点，且每个顶点都有奇数条边（这是关于哥尼斯堡的一个具体事实）。

每条路径只能有一个起点和一个终点，所以一条欧拉路径不可能从 4 个不同的地方开始和结束。这意味着，哥尼斯堡的 7 座桥不可能一次性通过。

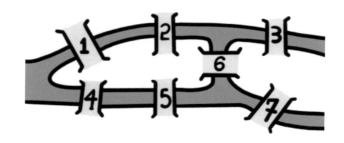

练习：

如果从 1 号桥和 7 号桥中选择移除一座（留下其他 6 座桥），那么移除哪一座桥将允许有欧拉路径存在？

🔖 只有移除 1 号桥才会有欧拉路径。

🔖 只有移除 7 号桥才会有欧拉路径。

🔖 不论移除 1 号桥还是 7 号桥，都会有欧拉路径。

🔖 不论移除 1 号桥还是 7 号桥，都不会没有欧拉路径。

正确答案：

不论移除 1 号还是 7 号桥，都会有欧拉路径。

答案解析：

从哥尼斯堡移除任何一座桥都会留下只有两个具有奇数条边的顶点。所以当移除任何一座桥时，都会有欧拉路径。

如果移除 1 号桥：

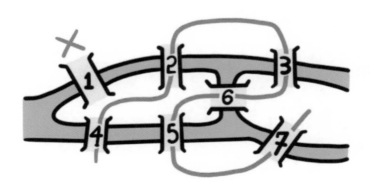

如果移除 7 号桥：

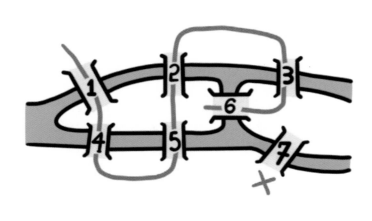

你又学习了一个关于图的新知识：如果有两个以上的顶点具有奇数条边，则不可能存在欧拉路径，也就是不存在能够经过每一条边恰好一次的路径。

这个新知识也可以应用到任何其他的图中。

练习：

此图中有欧拉路径吗？

▶ 有。

▶ 没有。

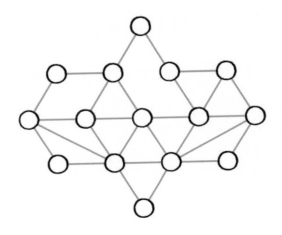

正确答案：

没有。

答案解析：

没有欧拉路径，因为标黄的 4 个顶点都具有奇数条边。

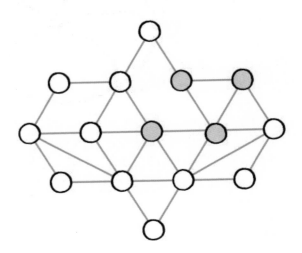

上面通过将"哥尼斯堡 7 桥"之谜转变成图问题，让具体问题变得更具普遍性、通用性。对特定的某一张图的认知提升也可以让我们更好地理解其他的图，同样也可以帮助我们去理解其他那些可以转化为图问题的具体问题。

练习：

如果要在纸上一笔画完这张草图，每条边经过且仅经过一次，你应该从哪个点开始画起呢？

▶A 点。

▶B 点。

▶C 点。

▶D 点。

正确答案：
B 点。

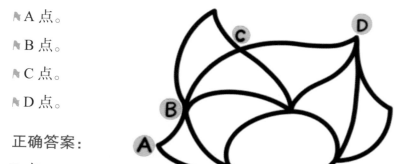

答案解析：

这个问题可以表述为一个图问题。首先，把所有线条的交点标记为顶点，然后把顶点之间的线条标记为边，只要线条不再交叉就可以，线条的轨迹、弯曲程度并不重要。

在下图中，A、B、C、D 4 个顶点和原手绘草图中的相应位置是对应的，我们再补充上 E、F、G 3 个顶点的标签，得到下面的一张图。

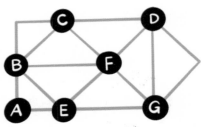

这道题的答案可以是此图的任何一条欧拉路径的起点：经过所有的边且仅经过一次，和一笔画完所有的线条且仅画一次本质相同。

通过观察这张图可知，只有 B 点和 F 点是具有奇数条边的顶点。也就是说，如果存在欧拉路径，那么它一定在 B 点或 F 点开始或结束。你可以从二者中任选一个顶点作为起点，但题目的选项中只有 B 点，所以正确答案是 B。

在这个阶段的学习中，我们像 18 世纪的 Leonhard Euler 所做的那样，把"哥尼斯堡 7 桥"的经典数学难题重新描述为一个图问题。

这种使用欧拉路径的方法让我们不必再使用慢速的"蛮力"

去解决问题，这也正是计算机科学的强大之处：在面对棘手的问题时，通过**理解它的结构**来轻松驾驭它。

更美妙的是，当你通过理解更加普遍的问题（如欧拉路径）去解决一个具体的问题（如"哥尼斯堡7桥"之谜）时，便可以举一反三，将这种解题思路应用于其他复杂问题。

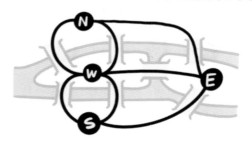

在本章的学习探索中，我们仅仅解决了几个简单的问题，但更重要的是掌握了图思维，对计算机科学家来说，利用图来解决问题是一个极其重要的方式。

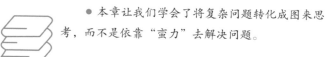

 总结

● 如果图中的一个路径经过每个边恰好一次，则该路径称为"欧拉路径"。

● 如果有两个以上的顶点具有奇数条边，则不可能存在欧拉路径。

● 本章让我们学会了将复杂问题转化成图来思考，而不是依靠"蛮力"去解决问题。

第 2 篇

通过计算解决问题

（如何用计算工具解决问题）

探索面包房、图书馆和交通枢纽

大厅中的计算思维。

第 4 章

并行计算
——任务数量庞大的协作

第 1 节

　　具备并行能力是计算机科学解决问题的优势之一，因为它极为简单又极其强大。简单地说，并行就是通过同时做很多事情来更快地解决问题。

　　下面你将与面包师亮亮一起探索并行。

面包店的工作中有很多重复性劳动，多个任务可以同步进行，因此多人协作会提高工作效率。

学完本章，你将了解并行的基本概念，以及它是如何通过计算机系统应用于现实世界的。

在本章你将学习：

- 计算机科学通识数学中的重要组成部分——阿姆达尔定律。
- 一种支持高阶计算机图形学的并行形式——流水线。
- 手机上的多款应用是如何并发运行的。

亮亮早上来到他的面包店，他今天的目标是尽快制作出200 个新鲜出炉的面包。

他把前一天晚上准备好的面团从冰箱里拿了出来，看了看制作面包的工序。

① 把面团切成三角形（切完 200 个面团需要 2 分钟）。

② 将馅料放到三角形面团里（放完 200 个面团需要 4 分钟）。

③ 把填满馅料的三角形面团卷成新月形（卷好 200 个面团需要 10 分钟）。

④ 将烤箱预热至 200°C（预热烤箱需要 16 分钟）。

⑤ 把卷好的新月形面包放进预热好的烤箱里，烘烤 20 分钟。

⑥ 从烤箱中取出面包，在上面放上巧克力（放完 200 个面包需要 4 分钟）。

⑦ 放好巧克力后，让面包冷却 10 分钟即完成制作流程。

练习：

面包制作工作的第一步应该是什么？

▸ 把面团切成三角形。

▸ 将烤箱预热至 200°C。

▸ 把巧克力放在面包上。

▸ 把馅料放到三角形面团里。

正确答案：

把烤箱预热到 200°C。

答案解析：

第一步可以选择把面团切成三角形或预热烤箱，因为当面团还没切好的时候，不能放巧克力，也不能放馅料。

那为什么要先预热烤箱呢？前面说到，把面团切成三角形需要 2 分钟，把馅料放到面团里需要 4 分钟，把面团卷成新月形需要 10 分钟，共计 16 分钟，正好与烤箱预热的时间相同。

因此，亮亮要做的第一件事就是打开烤箱并预热，然后他就可以在 16 分钟后放入面包。如果推迟预热烤箱，那么面包烤制和出炉的时间也会推迟。

从上一节得知，亮亮在厨房里可以同时做两件事：预热烤箱、加工面包。

这是生活中非常常见的案例，它也同样以令人惊讶的方式出现在计算机科学中。

每一台现代计算机执行计算时的速度都快得令人难以置信。即便如此，从硬盘读取文件也需要花费一些时间：一台计算机在接到硬盘读取请求后，在将信息读取出来这个过程中会执行**数万次**计算。

根据硬盘读取速度的不同，也可能执行**数百万次**计算。

计算机系统在等待硬盘访问文件时同步做其他工作，就像亮亮在等待烤箱预热时加工面包一样，都属于并行工作。

当亮亮请来一个助手时，他就可以和助手并行工作。一个人可以在 30 秒内切一张面团，两个人分工协作的话，在 30 秒内可以切两张面团，工作效率是原来的两倍。

当多人可以在不增加额外工作任务的情况下解决同一个问题时,计算机科学家会称其为"完全并行"。

练习:

以下哪些属于完全并行问题?(多选题)

▶ 对银河系中的所有恒星进行物理模拟。

▶ 重新安排北京市的公共汽车。

▶ 解密一个 8 字符长的加密文件。

▶ 在婚礼请柬上贴邮票。

正确答案:

▶ 解密一个 8 字符长的加密文件。

▶ 在婚礼请柬上贴邮票。

答案解析:

物理模拟十分有趣。因为星系中的每一颗恒星对其他恒星都有引力效应,所以这并不是一个完全并行问题。但是,使用多台计算机并行进行物理模拟是现代宇宙学中一个极其重要的课题。物理学家和计算机科学家已经花了几十年的时间来研究如何用最小化的成本进行协同,使物理模拟尽可能快速地完成并行。

公交车时刻表是相互配合的,以便于人们快速换乘。其他的公共组织,比如学校、火车站和医院的班车,也会依据公交车时刻表来安排时间。因此,由于公交调度需要大量协作成本,所以它并不是能够完全并行的问题。

如果你曾在计算机上共享过某个加密文件的密码，那么 8 字符长的密码很容易被两台、一千台或一百万台计算机共享。不过如果你曾多次输入错误密码导致银行账户被锁定，那么银行系统会试图阻止多人（或多台计算机）来破解你的密码。

由于婚礼请柬很容易分组且相互不受影响，所以可以请多人一起来贴邮票，即它属于完全并行问题。

亮亮的烤箱可以一次性烘焙 200 个面包。现在，让我们回顾一下他的面包制作工序。

① 把面团切成三角形（切完 200 个面团需要 2 分钟）。

② 将馅料放到三角形面团里（放完 200 个面团需要 4 分钟）。

③ 把填满馅料的三角形面团卷成新月形（卷好 200 个面团需要 10 分钟）。

④ 将烤箱预热至 200℃（预热烤箱需要 16 分钟）。

⑤ 把卷好的新月形面包放进预热好的烤箱里，烘烤 20 分钟。

⑥ 从烤箱中取出面包，在上面放上巧克力（放完 200 个面包需要 4 分钟）。

⑦ 放好巧克力后，让面包冷却 10 分钟即完成制作流程。

练习：

亮亮的烤箱预热一次后，他就不用再考虑预热的问题了，除非烤箱停止工作。如果亮亮独自一人工作，他需要 50 分钟才能做好 200 个面包。

如果亮亮有一位助手，助手可以帮助亮亮一起完成切面团、填馅料、卷面团等工作，那么他们做好 200 个面包需要多少分钟？

➤ 25 分钟。

➤ 30 分钟。

➤ 35 分钟。

➤ 40 分钟。

➤ 45 分钟。

正确答案：

40 分钟。

答案解析：

不管增加多少个助手，烤箱烘烤面包的时间（20 分钟）和面包冷却的时间（10 分钟）都不会改变，但是，其余工作所需要的 20 分钟（切面团、填馅料、卷面团、放巧克力）可以由两个人并行完成。因此，增加一个助手将帮助亮亮节省 10 分钟。注意：因烤箱已预热一次，故不再需要等待烤箱预热时间。

亮亮制作面包的大部分时间都花在烘烤和冷却阶段。

下图展示了面包师数量与制作面包所需时间的关系。

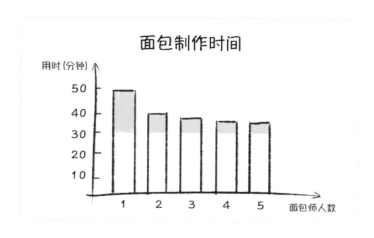

由图可知，有 20 分钟的工作是可以并行完成的（黄色长条部分），另外 30 分钟的工作不可并行完成（白色长条部分）。

从计算机科学家到面包师或架构师，每个人都可能陷入这样一个陷阱：他们认为只要增加人力就能提高效率。但事实并非如此。考虑并行和非并行任务时，很明显，通过增加人力的方式只能更快地完成可并行的部分任务。

这种常识性的观察在计算机科学中是非常重要的，它有一个名字：阿姆达尔定律。它是由吉恩·阿姆达尔（Gene Amdahl）在 1967 年发表的一篇相关论文而得名的。

练习：

亮亮雇用了一个助手，使得面包制作速度快了 10 分钟。从上面的图中可以看出，当亮亮和一个助手一起工作时，面包制作的时间从 50 分钟减少到 40 分钟。

在另外一家面包店，有小巴和他的助手两个人，他们两人制作面包的时间为 40 分钟。

小巴考虑买一台风扇，把不可并行的面包冷却时间从 10 分钟缩短到 5 分钟。

如果亮亮和他的助手想通过雇用人力的方式来获得同样的 5 分钟的收益，那么他们还需要雇用多少个助手？

▶ 1 个。

▶ 2 个。

▶ 4 个。

▶ 6 个。

▶ 40 个。

正确答案：

2 个。

答案解析：

再雇用两名新助手，亮亮店里的面包师将从 2 人增加至 4 人，工作速度将提高一倍，为他们节省 5 分钟。

尽管风扇只将非并行的面包准备时间从 30 分钟减少到了 25 分钟，大约减少了 17%，但综合来讲，它们的提速效果是一样的。

在之前的学习中，你已经知道了即使最先开始预热烤箱，做完所有面包也要花 50 分钟，其中的 30 分钟是不可并行的。这是否意味着，如果亮亮一个人工作，那么他只能每 50 分钟烤出 200 个面包（平均每分钟 4 个面包）？或者，无论他雇用多少个助手，最多也只能每 30 分钟烤出 200 个面包（平均每分钟 6.7 个面包）？

答案是：否。如果亮亮想要最大化工作效率，那么他可以每分钟制作 6.7 个以上的面包，并且不需要雇用助手。

他需要怎么做呢？

如果你曾经一次性做过很多饼干，就会更熟悉这个解决方案。

亮亮需要在烘焙上一批 200 个面包的同时准备这一批的 200 个面包。当上一批的 200 个面包烘焙完成时，他可以把这一批加工好的面包放入烤箱，同时在上一批面包上放巧克力，接着立即开始准备下一批面包。

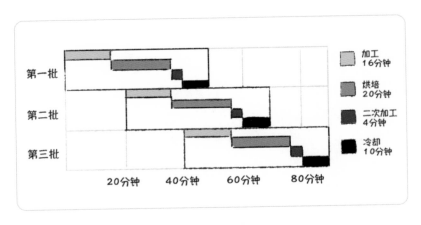

这是另一种并行形式，称为"流水线"。

通过并行处理不同批次的面包，可以确保烤箱和亮亮同时处于工作状态：上一批面包正在冷却、这一批面包正在烘焙、下一批面包正在加工。

但亮亮在开始这项流水线计划的一个小时后才能全速运转

起来，一旦开始运转，由上述时间表可知，亮亮能够每 20 分钟就开始制作新一批的 200 个面包。

练习：

在全速生产的情况下，他每分钟的平均产量是多少？

▶ 7 个。

▶ 8 个。

▶ 10 个。

▶ 13 个。

▶ 20 个。

正确答案：

10 个。

答案解析：

由图可知，一旦亮亮的流水线计划开始，他便可以每 20 分钟做一批面包：20 分钟、40 分钟、60 分钟、80 分钟，以此类推。

这样的时间计划没有任何阻碍，所以如果亮亮持续工作，就可以一直保持每 20 分钟收获 200 个面包。因此，亮亮用这种流水线方法将每分钟生产 10 个面包。

但令人惊讶的是，冷却时间其实并不重要。

在计算机系统设计中，流水线是并行中的一种重要形式，长久以来，它也是三维计算机图形学的重要领域。

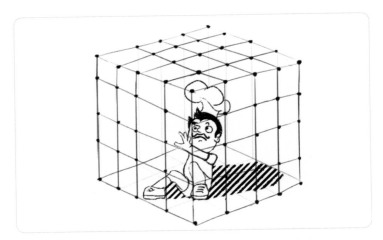

在计算机游戏中，计算机展现一个三维场景需要做大量预测计算。计算机必须明确哪些对象的哪些部位是可见的，计算这些物体如何成像，并将成像物体转换成要显示的单个像素。计算机可以预先计算每一步的运行时间。

这种计算流程使得计算机图形学适合用流水线：当计算机计算如何显现当前场景时，也在计算如何显现下一个几分之一秒内的场景，以及在下一个几分之一秒场景的过程中，哪些对象是可见的。

计算机的硬件需要预测要求流水线下一步做什么，以保持流水线的每一步都能正常进行。这就是所谓的预测执行。

想象一下，亮亮在面包店有一段空闲时间，在知道是否会接到面包订单之前，他就在准备面团。如果他猜错了，不会拖慢他的速度（可能只是浪费了一些面团），但猜对了会帮助他更快地完成下一个订单。

第 9 节

如果离开厨房，走进亮亮的面包店里，就会看到顾客们在买面包，有可能因为人多而需要等待，这就出现了一个与并行密切相关的概念：并发。

从某种角度看，并发在生意火爆时的作用更明显。所有面包店的顾客都在并行、独立地完成当时的采购任务。然而，这种情况带来了一个新的问题：存在冲突，因为面包店的每个人都需要分别短暂地和收银员交互，以完成采购任务。

并发是指多个代理都想轮流独占同一资源（如收银员）。它有时在类似的场景中表现为并行，但当无法提前计划事情发生的顺序时，并发就会出现。亮亮可以为他和助手规划一个时间表，但是，他和顾客们都无法预测还有没有人想来买面包。

现代的计算机或手机中，多个独立程序会尝试通过访问处理器进行计算、尝试访问网络硬件与互联网进行通信、尝试在屏幕上显示内容。计算机操作系统的任务是帮助多个程序管理对所需资源的并发访问。

练习：

在现实世界中，哪些系统有助于管理并发？（多选题）

- ▶ 生产线。
- ▶ 在银行排队。
- ▶ 语音信箱。

正确答案：

- ▶ 在银行排队。
- ▶ 语音信箱。

答案解析：

在现实世界中，银行的排队机制是管理并发的一个简单工具：当客户想要通过银行柜员办理业务时，系统会决定谁可以马上去，谁必须等待。

语音信箱是不太常规的并发管理工具。如果呼叫对象正在打电话，它会引导呼叫人在此留言，这样对方可以在不打电话时进行回复。如果你曾经在客服接听你的电话前等待，那么你已经遇到了处理同样的并发问题的新工具。

生产线是流水线并行的优秀实例。一个对象的多个部分按照明确的顺序进行构建，生产线通过同时处理不同任务的不同部分，让每个人或机器都很忙碌，这使其成为并行的一个很好的例子，但不是并发的例子。

有时，面包房会使用一台可以分发号码的机器来解决并发问题。你可能也在商场、银行或政府机关办事大厅见过这个系统。

这个系统可以管控当前哪位顾客能够享受有限的服务资源。

这一点非常简单，实际上，计算机系统也使用同样的机制来管理需要协调访问某种资源的不同程序间的并发问题。其中一种是由莱斯利·兰波特（Leslie Lamport）提出的方法，被称为"烘焙算法"。

第 11 节

在本章中，你已经了解了计算机科学利用并行解决问题的一些不同方式。

- 最常见的并行是将一个问题拆分后分配给不同的人。
- 如果不能在问题的每一个环节都利用并行，那么增加人力的方式可能效果微弱。

- 需要同时处理不同的问题时，使用流水线并行可能效果显著。

- 当不同的任务需要以不可预知的顺序单独访问单个共享资源时，就需要利用并发。

总结

- 并行就是通过同时做很多事情来更快地解决问题。例如，计算机系统在等待硬盘访问文件时同步做其他的工作、亮亮在等待烤箱预热时加工面包，都属于并行。

- 并发是指多个代理都想轮流独占同一资源。例如，计算机操作系统的任务是帮助多个程序管理对所需资源的并发访问。

- 并发和并行应用在许多相同的地方，但它们是不同的概念。

第 5 章

排序和搜索
——关系决定了效率

计算机能够快速存储和检索大量信息,使得人类能够更快、更多、更便捷地获取这些信息。

但就在几十年前,世界上最大的"数据库"还不是计算机,而是图书馆里的书籍管理。

你一定想不到，当代许多计算机搜索系统仍然是基于和图书馆使用的卡片目录相同的原理设计的。

在本次探索中，你将了解如何构建和使用索引。计算机可以快速进行大量信息的检索，但当它有一个索引可以使用时，搜索速度会加倍增长。

本章的主人公蔡蔡是一位图书管理员，他将带你一起探索图书馆的运行逻辑，并通过一系列交互式问题帮助你发现排序和搜索的核心原理。

第 2 节

图书馆里有许多摆满了书的书架。图书管理员想要将一本书放回它原本的位置，或者查验某本书是否丢失时，无须逐一排查每一本书。

如果书籍已经按某种字母顺序排列好，比如按书名的首字母排序，检索起来会更快、更容易。

如果有 31 本按书名排列的书（从右往左排），你需要找到其中一本叫作《东方的伊甸园》的书，那么你应该先查看中间的那本书：

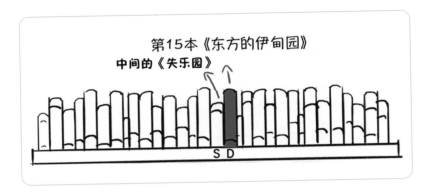

第15本《东方的伊甸园》
中间的《失乐园》
S D

在字母表中，《东方的伊甸园》首字母"D"在《失乐园》首字母"S"之前，所以按字母排列顺序可以去掉上图左侧16本不含《东方的伊甸园》的书，剩余右侧的15本书。

从剩下的15本书中再次取中间的书。这本书叫《安珀志》，《东方的伊甸园》首字母"D"比它的首字母"A"要靠后，所以《安珀志》及前面的7本书也可以筛除。

假设每次查看的中间书籍首字母都不是"D"，那么重复两次上述步骤，就能找到《东方的伊甸园》。

这意味着，查看5本书就可以在31本书中找到需要的那本书。

从上一节可以知道，在一组按顺序排列的元素中，通过查看中间位置的元素能实现快速查找。

这种方法的关键是**查看中间的那本书**。

这意味着最多查看 6 本书就能在 63 本不同的书中找到一本书。

中间那本书的左边有 31 本书，右边有另外的 31 本书，所以你最多查看 5 本书就可以在剩余的 31 本书中找到一本书。

同理，在 127 本按顺序排列的不同的书中，最多只需要检查 7 本书就能找到一本书。

在 255 本按顺序排列的不同的书中，最多需要检查 8 本书就能找到一本书。

练习：

最多需要检查多少本书才能在 16000 本按顺序排列的不同的书中找到一本书？

➤ 10 本。

➤ 14 本。

➤ 24 本。

▶256 本。

正确答案：
14 本。

答案解析：
最多需要查看 14 本书。

● 第一次可以排除掉约一半书籍（8000 本或 8001 本，以下类似），留下另外的约 8000 本。

● 第二次可以排除掉约一半书籍，留下另外的约 4000 本。

● 第三次可以排除掉约一半书籍，留下另外的约 2000 本。

● 第四次可以排除掉约一半书籍，留下另外的约 1000 本。

● 第五次可以排除掉约一半书籍，留下另外的约 500 本。

● 第六次可以排除掉约一半书籍，留下另外的约 250 本。

之前你已经知道，如果要在 255 本按顺序排列的不同的书中找到一本书，最多需要查看 8 本书，所以总共需要 14 次。

观察这组数字可以发现，它们遵循二次幂方程。

利用这种方式可以更快、更准确地算出需要查看的次数。如果已知要查看 n 本书，那么书的总量为 2^n-1 本。

回到此题：$2^{14}-1=16383$，$2^{13}-1=8191$，所以答案为 14 本书。

蔡蔡有很多种方式来决定她应该按照哪种方式进行图书排序。

比如按书名首字母、按作者名字的首字母、按副书名的首字母，甚至可以按书中第一页上第一个字的首字母，或者按出版日期的顺序进行书籍排列。

练习：

下面哪一项是蔡蔡将图书馆里的书按照作者名字的字母顺序排列的好处？

🔖可以帮助人们找到同一作者的其他书籍。

🔖可以帮助人们找到近些年的畅销书。

🔖可以帮助人们快速找到想要的书。

🔖可以帮助人们快速找到最熟悉的科目。

正确答案：

可以帮助人们找到同一作者的其他书籍。

答案解析：

按作者的字母顺序排列书籍意味着同一作者的所有书都放置在一起，这样人们可以找到他们喜爱的作者的其他书籍。

通俗小说区域按作者名字的字母顺序排列书籍也许合理，但世界历史区域按这种方式排列就不合理了。

一个作者可能会写关于许多个国家的历史书，但大多数读者都在寻找关于某一个国家的历史书，而不是某个作者的书。

如果每一本关于中国的书都以"中国"开头，那么按书名排序也许是可行的。

但事实并非如此，因此，蔡蔡需要一种排序方式，尽量将所有关于中国历史的书籍都放在一个地方。

蔡蔡与其按作者或书名来组织世界历史书籍，不如按该书所涉及国家主题的字母顺序来组织。大多数图书馆都会以某种方式按主题进行图书管理。

国家很容易按字母顺序排列，但按主题就有一些难度了。在字母表中，"老舍"排在"托尔斯泰"之前，这很简单，但诗歌是在俄罗斯文学作品之前还是之后出现的？

大多数美国图书馆会使用两种系统来管理书籍：杜威十进制系统和国会图书馆系统。这些系统为每一本书生成一个主题识别码，以便于图书管理员可以按主题的字母顺序排列书籍。

在国会图书馆系统中，每一本历史书都有一个以"D"开头的识别码，每一本关于亚洲历史的书都有一个以"DS"开头的识别码，每一本关于印度尼西亚历史的书都有一个以"DS615"开头的识别码。

随着类别不断细分，编码也会越来越复杂，直到每本书都有自己独特的主题编码。

对于使用这种系统的图书馆来说，主题相似的书自然就会排列在一起。

练习：

在以这种方式按主题组织的图书馆中，哪本书最难找到？

▸ 所有关于鱼的书。

▸ 所有关于越南美食的书。

▸ 所有名字中带"丽"的作者的书。

▸ 哈利·波特系列的书。

正确答案：

所有名字中带"丽"的作者的书。

答案解析：

在国会图书馆系统中，"鱼"和"越南美食"都是很明确的主题，以至于可以轻松排序。

哈利·波特系列的书都是关于同一个主题的，因此属于同一类小说。但是，并不是所有名字中带"丽"的人都会写相似主题的书，而且他们所写的主题可能会大相径庭。

有序的排列不仅有助于快速找到某一本特定的书，而且也有助于快速找到相同主题的所有书。

蔡蔡在她收藏的 16000 本书中，大约有十几本关于法国历史的书，这些书是按主题排序的：所有在"DC1"和"DC920"之间有国会图书馆识别码的书都是关于法国历史的。

练习：

她需要检查几本书，才能收集到这几本关于法国历史的书？

注意： "DC1"和"DC920"并没有告诉你蔡蔡图书馆中有关法国历史的书籍数量。国会图书馆为每一本书提供了一个可能更精确的识别码，如"DC318.L76"。

- 不到 12 本。
- 12~24 本。
- 大约 100 本。
- 16000 本。

正确答案：
12~24 本。

答案解析：

蔡蔡最多看 14 本书就可以找到一些关于法国历史的书。

如果书籍是按照字母顺序排列的，那么查看 14 本书就足以在 16000 本书中找到特定的一本书。

Tips: 在杜威十进制系统中，所有关于法国历史的书籍都被归类为"944"，在国会图书馆系统中，所有关于法国历史的书籍都以"DC"开头。这些主题识别码意味着蔡蔡可以搜索按主题排序的书籍，就像搜索根据作者姓氏或书籍名字按字母排序的书籍一样高效。

一旦蔡蔡找到一本关于法国历史的书，她就可以在其周围寻找其他关于法国历史的书了。

得益于依据书籍主题的排序方式，蔡蔡只检查十几本书就可以找到所有关于法国历史的书籍。

练习：

蔡蔡有 16000 本按主题排序的书，她想找到其中所有托尔斯泰写的书，但不知道这些书的主题内容。为了精准找到托尔斯泰的每一本书，她需要查看多少本书？

➤ 少于 6 本。

➤ 12~24 本。

⬎ 不到 100 本。

⬎ 16000 本。

正确答案：
16000 本。

答案解析：
托尔斯泰的书可能根据主题排序，散落在图书馆的各个位置。所以如果没有额外的信息，蔡蔡必须检查其图书馆的每一本书，才可以确保找到所有托尔斯泰写的书。

蔡蔡按主题新订购了 16000 本书。但这一次，她请来了 79 名图书管理员来帮忙，所以她的图书馆共有 80 名图书管理员。

练习：

如果蔡蔡需要知道一共有多少本托尔斯泰的书，80 位图书管理员需要每人检查多少本书？

➤ 100 本。

➤ 200 本。

➤ 240 本。

➤ 400 本。

正确答案：

200 本。

答案解析：

如果这些书已经以某种方式编号或排序，那么图书管理员可以完全独立地工作，每人检查 200 本书。如果你还记得上一章学习的关于并行的知识，你就知道，这道题也可以分解成图书管理员们的并行问题。

但这并不完全是一个并行问题，因为图书管理员们仍然需要相互协作，才能把他们各自看到的托尔斯泰的书汇总起来。

但在找书的阶段，这是一个并行问题，若图书管理员的数量倍速增长，那么图书搜索的时间也可以倍速减少。

如果蔡蔡能按照作者姓名的字母顺序查找，那么他只需要检查十几本书便可以找到托尔斯泰的书。如果不按字母顺序排列，即使蔡蔡有几十个助手，每个图书管理员也要检查几百本书，才能找出所有托尔斯泰的书。

图书管理员可能需要查看书的各种元素: *作者、书名或主题*，但书架上的图书只能按一种方式进行排列。

几个世纪前，有位图书管理员就为这个问题找到了一个解决方案: *使用卡片目录*。

卡片目录中的*索引卡*列出了一本书的所有关键信息，包括可以*快速确定书籍位置的编号*。

*作者目录*是卡片目录的一部分。

在作者目录中，图书馆的每一本书都有一张卡片，但卡片是按作者的名字排列的。

这使得图书馆的读者可以找到一个作者的所有书籍，即使这些书在图书馆的书架上可能相隔很远。

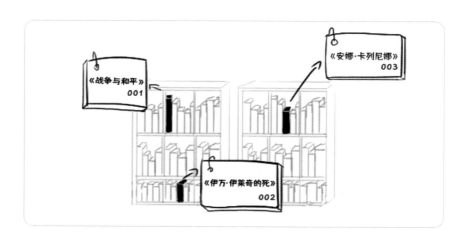

练习：

在这个拥有 16000 本书的 20 世纪 80 年代的图书馆里，任何一个作者最多只有十几本书，蔡蔡需要检查作者目录中多少张卡片才能找到图书馆里托尔斯泰的书？

▶ 1 或 2 张卡片。

▶ 10~24 张卡片。

▶ 100 张左右。

📍16000 张卡片。

正确答案:

📍10~24 张卡片。

答案解析:

有了作者目录,蔡蔡就可以像搜索书籍本身一样,全部按作者排序。蔡蔡很可能需要检查大约十几张卡片,才能锁定一张托尔斯泰的卡片,然后检查周围的卡片,以确保她找到了所有托尔斯泰的卡片。

在现代的图书馆里,蔡蔡和她的助手不必逐一检查每本书。如果蔡蔡想搜索托尔斯泰的所有书籍,她只需在图书馆的计算机系统中输入作者名。

有效使用搜索工具对现代数学家、文学家、医生和需要医疗信息的人、经济学家和需要了解如何贷款的人来说，都是一项重要的技能。

像大多数图书管理员一样，蔡蔡工作的很大一部分就是利用她所掌握的搜索技术来帮助人们找到需要的信息。

如果你想提高利用搜索引擎寻找科学问题答案的技能，不妨问问图书管理员吧。

一般来说，当计算机必须搜索大量信息时，它们会执行以下两项操作之一。

① 逐一搜索记录，直到找到目标，就像蔡蔡查看她的每一本书。计算机可以完成得非常快，特别是当它们可以利用"并行"时。

② 参考一个单独的信息列表——一个索引，它的顺序很有用，就像一个卡片目录。

为了查阅索引，必须先创建一份索引。

创建索引比逐个搜索记录要慢一些，但查询索引比逐个搜索记录要快得多。

你会选择哪种方式呢？

第 13 节

蔡蔡的计算机系统为她提供了三种搜索选择。

① 逐个搜索所有记录，需要 10 秒钟。

② 查阅现有索引，需要 1 秒，但前提是已经创建好索引。

③ 用 12 秒创建索引，然后在将来重复使用。

练习：

蔡蔡需要在没有索引的前提下，根据作者的中间名来搜索书籍。如果蔡蔡想缩短每天的总搜索时间，那么她应该在什么样的情况下创建一个*新的索引*？

▶ 随时创建，哪怕这个索引可能只用一次。

▶ 当她至少要用两次的时候。

▶ 当她需要用八次以上的时候。

正确答案：
当她至少要用两次的时候。

答案解析：

在这个案例中，立即创建一个索引并搜索，一共需要用 13 秒钟，比花 10 秒钟逐个搜索要慢。

但如果她至少要用两次，那么两次的搜索时间共 20 秒，就超过了创建索引并搜索的 13 秒。

如果创建了索引，那么她搜索两次的时间仅为 14 秒。

对于图书馆来说，要想把所有的书都按主题排序，需要做很多工作，例如，一个书架的某一排书满了，而图书馆又新到了一批书，需要把其中一本书移到下一个书架上，为新到的某一本书留出位置。

但如果下一个书架也满了怎么办？

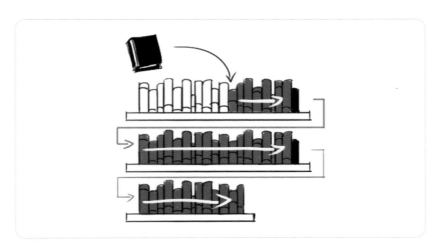

上图是图书馆在三个书架上挪动书籍的例子。

练习：

如果在某一个区域增加一本新书，那么为了把新书放到正确的位置上，蔡蔡最多需要调整多少书架？

▶ 1 个。

▶ 2 个。

▶ 4 个。

▶ 更多。

正确答案：

更多。

答案解析：

如果图书馆的每个书架几乎都满了，并且蔡蔡要将新书放在第一个书架上，那么每个书架都需要挪动，以便安置新书。

当然，大多数的图书馆不会让他们的书架过于拥挤。其中一个原因便是他们想要避免这类让人头疼的问题。

大多数的图书馆会给每个书架*留一部分空间*，以保证新书到货时不用挪动过多的书。

还有一种节省空间的方式。蔡蔡可以在新书到达或者旧书借阅返还时为它任意指定一个位置，然后让计算机系统记录这个位置。

当有人在计算机的索引中查找一本书时（无论是按作者、书名、类型、出版社还是其他信息），计算机系统只需把他们引导到该书的确切位置。

练习：

在这个方案中，一本书与相邻书的哪些特性有可能类似？

🏴 作者。

🏴 书名。

🏴 类型。

🏴 以上都不是。

正确答案：

以上都不是。

答案解析：

如果只是任意给书籍一个位置，并将这个位置存储在计算机系统中，那么这个位置不一定接近同类书籍。

这本书可能与同一时间到达图书馆的其他书放在一起，但这完全取决于图书馆选择如何放置书籍。

　　如果书籍是在随机位置存放的，那么让人们在书架中穿梭的价值就不大了。

　　这是一个不让人们随意在书架中走动的好理由。

　　如果一本书与周围的书没有关联，那么就很难找到想要的书。

　　北卡罗来纳州立大学的 BookBot（https://www.lib.ncsu.edu/huntlibrary/bookbot）是一个图书馆系统，它不按任何特定的顺序存放书籍。

　　学生们可以使用任何搜索方式找到书的唯一主题号，然后机器人就会取回他们想要的书。

你在开始学习本章的时候，已经理解了为什么蔡蔡的图书馆要按特定的顺序存放书籍。

现在，你可以想象一个不按任何特定形式存放图书的图书馆。

大多数用于搜索的计算机系统的设计原理与蔡蔡图书馆几十年前替代的卡片目录相同。

计算机在搜索大量信息时速度很快，当它们有一个索引可以使用时，搜索速度会更快。

一旦人类开始用计算机组织信息，搜索就开始改变人类与可搜索信息的关系。这些变化是持续的：虽然第一个用于图书馆图书搜索的计算机系统是在 1971 年创建的，但是像 BookBot 这样通过将书籍存放在任意位置来节省空间的系统在 40 年后才开始使用。

如果有兴趣学习更多此类案例，推荐你去学习亚马逊的案例，因为亚马逊不仅有科学的分仓管理，也有完美运行的 AGV 机器人运送系统。下面是亚马逊官方物流仓储介绍：https://gs.amazon.cn/tools。

练习：

BookBot 和亚马逊使用的任意存放系统有什么潜在的缺点？

> 存放书籍或物品需要更长的时间。

> 检索书籍或物品需要更长的时间。

> 如果计算机系统坏了，就很难找到书或物品。

> 如果书籍或物品丢失或被盗，那么很难找到其他的书或物品。

正确答案：

如果计算机系统坏了，就很难找到书或者物品。

答案解析:

只要计算机系统在运行，存放、检索书籍或物品的速度就很快。这也是亚马逊选用这种方法的原因。

总结	● 排序就是使一串记录，按照其中某个或某些关键字的大小，递增或递减地排列起来的操作。
	● 排序算法就是如何使记录按照要求排列的方法。排序算法在很多领域得到了很大的重视，尤其是在大量数据的处理方面。

第6章 资源的权衡
——代价决定了权衡的策略

每个计算机系统的设计都涉及平衡不同**资源**的分配。两种最常见的资源是**时间**(多快可以完成某些操作)和**空间**(需要多少内存)。

在日常生活中,人们也会经常需要权衡好时间和空间。小霄洗衣服时也是如此。

第 2 节

小霄已经洗干净并晾干了他所有的袜子，这些袜子有着各不相同的设计。现在他想把这些袜子——搭配起来。

小霄在一个非常拥挤的自助洗衣店里，没有空间允许他把袜子都铺开。他只能拿着一只袜子，同时逐一检查其他袜子，直到找到与其匹配的袜子。

如果小霄总共有 4 只袜子，先将 1 只袜子拿在手里，那么搭配好这只袜子就需要从剩下的 3 只袜子中查看 1 次、2 次或者 3 次 (不放回地查看)。具体的数字取决于他的运气了。

第 3 节

如果小霄有 6 只袜子（3 双），幸运的话，他只需要查看 1 次就可以匹配 1 双袜子，不幸运的话，他需要查看 5 次才能匹配好。

我们可以使用概率论的知识来算出他平均需要查看的次数。如果他有 4 只袜子，那么平均次数为 (1+2+3)/3=2，如果他有 6 只的话，那么平均值为 (1+2+3+4+5)/5=3。所以，如果他有 n 只袜子，那么平均查看次数为 $(1+2+\cdots+n-1)/(n-1)=n/2$ 次。

如果说得更准确些，他需要查看的平均次数就是期望值。

Tips： 在概率论中，期望值是数值实验多次重复的理论平均值。任何给定的随机变量都包含着丰富的信息，它可以有许多（或无限）可能的结果，每个结果又有不同的可能性，期望值是将所有这些信息汇总为单个数值指标的一种方法。

练习：

如果小霄有 20 只袜子（10 双），依旧不能重复检查，那么他平均需要多少次才能匹配好他的第 1 双袜子？

正确答案：

10 次。

答案解析：

如果小霄足够幸运的话，查看 1 次就可匹配第 1 双袜子，反之，需要查看 19 次，所以平均次数为 20/2=10 次。

如果小霄有 20 只袜子，他平均需要检查 10 次才能匹配好第 1 双，接下来平均查看 9 次才能匹配好第 2 双（剩余 18 只袜子，平均值为 18/2=9 次），以此类推。

匹配到最后一双时，他只需要查看 1 次即可。虽然他知道剩下的两只一定是一双，但还是需要检查一下，确保无误。

练习：

他预计在拥挤的自助洗衣店检查多少次袜子？

➴ 30 次。

➴ 55 次。

➴ 130 次。

➴ 260 次。

正确答案：

55 次。

答案解析：

如果要匹配 20 只袜子，那么平均总查看次数为 10+9+…+2+1=55 次。

如果小霄在家的话，他就有更大的空间了。他可以在床上或者桌子上把袜子铺开，以便一眼就能看到所有的袜子。

假设他坐在床上，先把袜子堆在一起，一次拿起一只袜子，看看床上有没有与它相配的袜子。如果有，他会把那两只袜子配好；如果没有，他会把这只袜子放在床上，而不是放回袜子堆里。

用这种方法，他只需要每只袜子检查一次，目测是否与床上已有的袜子相匹配。

练习：

如果小霄用这种方法匹配20只袜子，然后再匹配40只袜子，以下哪个说法是正确的？

🔨 整理 40 只袜子的时间和整理 20 只袜子的时间差不多。

🔨 整理 40 只袜子的时间大约是整理 20 只袜子的 2 倍。

🔨 整理 40 只袜子的时间大约是整理 20 只袜子的 4 倍。

🔨 整理 40 只袜子的时间大约是整理 20 只袜子的 8 倍。

正确答案：

整理 40 只袜子的时间大约是整理 20 只袜子的 2 倍。

答案解析：

小霄每次只能拿起一只袜子，把它与床上的袜子匹配，或放在空置处。

由于袜子的数量是原先的 2 倍，所以匹配 40 双袜子的时间大约也为原先的 2 倍。

第 6 节

如果空间更大的话，小霄就有更多的方法来高效搭配袜子了。此外，他需要搭配的袜子越多，各种方法之间的差异就越明显。

这是一个非常有趣的资源权衡：当某种资源越充足的时候（小霄有更大的空间搭配袜子），就可以更有效地支配另一种资源（搭配袜子所需的时间）。

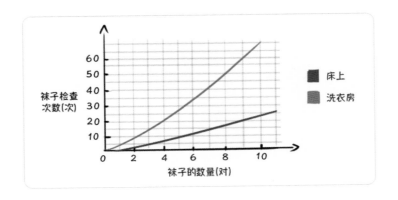

第 7 节

　　当小霄决定在哪里叠袜子时，他需要在占用更多空间还是占用更多时间之间进行权衡。

　　类似的权衡在计算机科学中很常见。

　　在计算机科学中，通常使用"空间""存储"和"内存"这三个术语。

　　例如，在计算机内存中，存储图像是对空间的利用。

　　① 智能恒温器的存储空间有限，但处理器速度很快。

　　② 星际旅行中的卫星可能有较大内存，但为了节省能源，处理器速度很慢。

　　因为这两种类型的计算机有不同的可用资源，编写相应计算机系统的人可能希望以不同的方式解决相同的计算问题。

练习：

以下哪项是利用时间节省空间的例子？（多选题）

▸ 由于没有列采购清单，所以需要再去一次超市，买遗漏的货品。

▸ 你不知道客人们喜欢哪款面包，所以一次性买了六种。

▸ 你没有存房东的电话，所以只能翻看合同来给她打电话。

正确答案：

▸ 由于没有列采购清单，所以需要再去一次超市，买遗漏的货品。

▸ 你没有存房东的电话，所以只能翻看合同来给她打电话。

答案解析：

去杂货店或找租房合同需要时间。

以下这些都是需要占用存储空间的例子。

▸ 把面包放在身边。

▸ 写下你需要买的东西。

▸ 把房东的电话号码存储在手机里。

因为没有写采购清单（用更少的空间），所以需要额外的时间再去一趟超市（用更多的时间），但至少你不必写任何东西。所以这是一个利用时间来节省空间的例子。

为了避免再去一次杂货店（用更少的时间），在厨房的抽屉里装满面包（用更多的空间），就是用更多的空间（和金钱）来节省时间的例子。

查找房东的电话号码需要花费额外的时间，但如果早已把电话号码存储在手机里，你就可以快速翻找房东的手机号码。但至少你不存储这些信息能够节省一点空间。

在厨房里也可以看到权衡时间和空间的案例。

一个聪明的厨师会把需要的东西放在台面或抽屉上，比如刀会放在可以快速取用的地方。

不过，这些便捷空间可容纳的物品有限。不常使用的物品会放得比较远，因为偶尔走更远的路去寻找不常使用的物品也不是什么大问题。

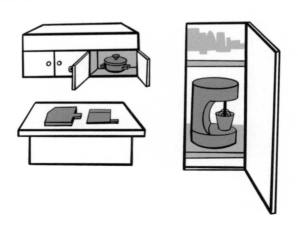

练习：

小霄每天早上会用平底锅做炒蛋，每周会用比萨饼皮做一次比萨，每隔几周会用立式搅拌机烤面包。

根据这些信息，假设台面上方的橱柜比立柜更方便，那么下面这些厨房布置方案中哪一种最有效？

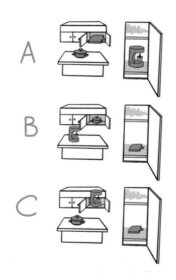

正确答案：

A。

答案解析：

根据已知信息，平底锅每天都要用，所以可以放在台面上。常用的比萨饼皮放在橱柜中，不常使用的立式搅拌机可以存放在距离较远的立柜中。

无论计算机还是人类，都会将频繁接触的东西放在距离近的位置，因为物理距离限制了我们获取它们的时间。

*物理实际*决定了我们行动的速度和电信号传播的速度。宇宙的极限速度——光速，在计算机设计中很重要。

格蕾丝·赫柏（Grace Hopper）是一位先锋计算机科学家。关于她最著名的是随身携带 30 厘米长的电线（约一英尺）。

她把这些电线称为"纳秒"，因为它们代表了光在十亿分之一秒（1 纳秒）内传播的距离。而物理定律告诉我们，信息传播绝对不会超过这个速度。

由于计算机的运行速度足够快，所以在设计时必须考虑到这些限制因素。

廉价的计算机可以在 1 纳秒内完成 3 次基本计算，即 3GHz 计算机。更精确的说法是，一台 3GHz 计算机的内部时钟每纳秒"滴答"3次。许多复杂的操作需要不止1个时钟刻度（1次"滴答"）来完成。

练习：

如果信息被存储在距离 3GHz 处理器 30 厘米的地方，那么在请求信息和读取信息之间，处理器一定可以执行多少次基本（1 个刻度）计算？

- ↖1 次。
- ↖2 次。
- ↖3 次。
- ↖6 次。
- ↖10 次。
- ↖90 次。

正确答案：

6 次。

答案解析：

计算机请求信息时，向处理器发送一个路径为 30 厘米的信号，这至少需要 1 纳秒的时间。所以在处理器收到请求之前，就可以进行 3 次基本计算。

然后，请求的信息从处理器经过 30 厘米的路径返回存储器，这至少要多花 1 纳秒的时间，所以在存储器获得请求到的信息之前，还可以发生 3 次基本计算。

　　总的来说，在信号返回之前，处理器将有 2 纳秒的时间，足够进行 6 次计算。

　　由于物理上的局限性，人类和计算机都试图将最常用的东西放在手边。

　　但把东西放在手边也是有代价的。当周围的区域变得越来越拥挤时，要想快速拿到其中一个最接近的东西，将变得越来越困难和复杂。

这意味着，在近距离存取可以快速获取的少量东西和不那么快速地存取大量的东西之间，我们需要进行权衡。

临时调整一段信息的存储位置，在计算机科学中称为"*缓存*"。

小霄在准备做饭的时候，把他所需要的工具和材料放在台面上，就是一种缓存。

作为一名法餐厨师，小霄可能会把这种形式的缓存称为"*将所有东西放在一个地方*"（Mise en place）。

运行计算机的物理芯片有多个不同的临时存储位置用于缓存，这些临时存储位置被形象地称为"*硬件缓存*"。小的缓存比较快，而大的缓存离芯片中执行计算的部分更远，速度也更慢一些。

观察计算机处理器的物理布局时就可以清晰地看到这些硬件缓存。

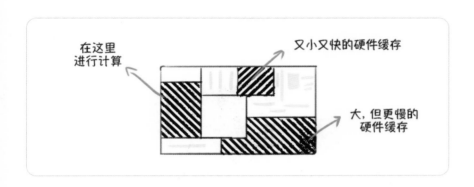

缓存有助于计算机处理器更快、更高效地运行，但使用计算机的人通常是看不见它们的。即使是每天编写计算机程序的人，也可能永远不需要知道计算机处理器上缓存运行的细节。

计算机科学中的缓存概念并不局限于硬件缓存。缓存是一种重要且通用的问题解决工具。缓存通常是在不同资源之间进行权衡的好方法。

小霄手机上的音乐应用可以在他听歌的时候通过移动网络下载他正在听的歌曲。它还可以在小霄的手机上保存一首歌曲的临时副本。

如果音乐应用程序总是通过移动网络下载当前的歌曲，就会占用太多流量。同时，对于那些一遍遍传输音乐的计算机来说，这也是额外的工作，所以当歌曲不用多次通过网络进行传输时，人们会很欢迎。

小霄的音乐应用程序存储他听过的每一首歌，会占用手机内存（但尽量避免使用移动网络多次下载同一首歌），这是一个使用更多空间来减少流量消耗的例子。

音乐应用程序也可以放弃这个不可能完成的任务，总是使用移动网络来下载小霄正在听的歌曲，这是使用大量流量节省手机内存的例子。

练习：

与许多权衡一样，最好的解决方案并不在任何一个极端。

小霄的应用程序会在手机上使用有限的缓存空间来存储一些音乐。手机应该如何决定存储或删除哪些歌曲以节省空间？

◥ 存储小霄听过的最短的歌曲。

◥ 存储最近录制的歌曲。

◥ 存储小霄最近听过的歌曲。

正确答案：

存储小霄最近听过的歌曲。

答案解析：

缓存的一般原则——无论是处理器上的硬件缓存还是手机上的音乐应用程序——都是保留最近使用的信息的副本，因为经常被访问的信息很可能再次被访问。

流媒体音乐应用程序可能更智能，比如存储小霄最近两周听得最多的歌曲。然而，在上面列出的选项中，"存储最近听过的歌曲"是最佳选项。

在日常生活中，我们总是在时间和空间等资源之间进行权衡。

我们要决定是占用家里的空间安置洗衣机，还是花时间去洗衣店；我们要决定把刀具放在厨房的台面上还是抽屉里。

我们也会做其他类型的权衡，比如空间和成本之间的权衡，比如，是否需要花费更多的钱买一个更大的厨房？

在计算机科学中，当某些问题可以通过获得更多空间来更快地解决某些问题时，我们就会谈论时间和空间的权衡。还有许多其他类型的权衡，如内存和流量消耗之间的权衡，或者手机应用程序运行速度和电池消耗之间的权衡。

你可以在有关计算机内存的课程中了解更多信息，特别是有关缓存的部分。

总结

- 暂时移动一段信息以便更快地访问它，在计算机科学中称为"缓存"。
- 在计算机科学中，当某些问题可以通过获得更多空间来更快地解决某些问题时，我们就需要权衡时间和空间。

第7章 抽象
——剥离细节让思考更加高效

第 1 节

计算机科学中最强大的工具之一就是抽象。

抽象并不是为了更快地或用更少的资源解决特定问题。相反，抽象的目标是让人们在脑海中更快、更高效地整理信息，忽略不相关的细节。抽象的目的主要是帮助人类思考，而不是帮助计算机工作。

本章将通过帮助罗曼站长——一位城市交通枢纽的站长，来讲解抽象的概念。

一个城市的交通枢纽可能是由几十、几百、甚至几千人组成的，他们各司其职，以帮助城市更好地运转，同时他们之间也会有部分重叠的工作。

在一个小城镇里，罗曼站长也许可以掌控十几个人工作重叠的情况，每个人都直接向他汇报。

而在一个有成百上千人的城市中，这种做法并不可取。

练习：

这样会出什么问题呢？

🔖 站长需要花费大量时间与员工沟通。

🔖 很难及时掌握谁需要了解哪些具体问题（比如轮胎保养日期）。

🔖 以上都是。

🔖 以上都不是。

正确答案：

以上都是。

答案解析：

两个选项都是潜在的问题。随着员工数量越来越多，罗曼站长需要用更多的时间来"事必躬亲"地管理他的员工们。有些重叠的职责意味着每项任务都可能需要不同的员工进行协调。这种混乱有时会让一个城市的交通管理难以覆盖所有重要业务，如车辆临时调度问题。

随着组织规模的发展，通常管理者会将人们分成不同的小组或部门，它们有自己的主管、职责和目标。

在下图中，罗曼站长将员工分为三个部门：维修部、安全部和运营部。

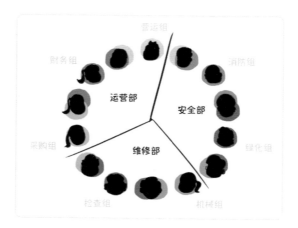

建立一个大家都认同的组织，并给它贴上"安全部"的标签，是一种抽象的形式。

罗曼站长可以指定安全部去做某件事（比如合理安置交通大厅的流浪猫），而不一定要了解所有的细节，比如这对交通大厅内的顾客、建筑物和交通汽车有什么影响。

练习：

这种变化并非没有缺点。如上图所示，将交通枢纽的工作人员划分为三个部门会出现什么问题？

▸ 不清楚哪个部门应该负责车辆调度。

▸ 每辆汽车的剩余油量可能被重复检查，或者漏查。

▸ 很难明确所有需要了解汽车维修情况的人。

▸ 负责车辆调度的人越来越少。

▸ 以上所有内容。

正确答案：

每辆汽车的剩余油量可能被重复检查，或者漏查。

答案解析：

在部门的划分中，运营部负责车辆调度，维修部负责汽车的性能保障，安全部负责交通枢纽的安全隐患治理。

由于运营中心需要知道每辆汽车的油量，以便随时调用汽车，维修部也要保证每辆车的运行状态，所以最有可能出现的问题是混淆这两个部门之间的职责。

把一个复杂的系统（比如一个城市的交通枢纽）划分成几个部分，就涉及权衡，因为不同的划分方案各有利弊。

但可以想象，无论如何权衡，总是无法做到各种安排间的完美平衡。

很多时候，人们对于抽象的处理方式来源于过往经验、其他人的偏好建议，或者只是因为别人都这么做。

例如，罗曼站长轻易按照惯例设立了运营部、安全部和维修部，只是因为其他城市的交通枢纽也是这么做的。

将复杂的系统拆分成有或多或少明确任务的小模块，这一点非常重要。

在计算机系统和人类系统中，这些*抽象*的存在是为了*帮助人类理解系统*，尽管它很复杂。

无论计算机系统还是人类系统，最后都会有很多*抽象的层级*：罗曼站长与运营部部长沟通后，部长和他的四个运营主管沟通，每个主管又与各自的六七个组长沟通，然后组长们又与他们的员工沟通。

练习:

罗曼站长这种抽象层级的逐级沟通，可能出现的问题是什么?

▶ 员工不清楚他们向谁报告。

▶ 和每个人交流需要很长时间。

▶ 罗曼站长不知道发生的所有安全事故。

▶ 乘客不知道谁负责售卖车票。

正确答案:

和每个人交流需要很长时间。

答案解析:

如果所有的沟通都按照罗曼站长的指挥进行，那么沟通的链路将会很长，效率必然会慢一些。

罗曼站长在组织结构中设置的岗位层级在计算机科学中随处可见。当英特尔或 AMD 这样的公司设计出为计算机或手机提供动力的计算机芯片时，也会公布一个抽象层：一套用于控制芯片的指令。这些指令被称为"汇编指令"或"机器指令"。

通过直接编写机器指令可以创建程序，但这太难了，这就像罗曼站长让每个员工精细化地管理从车站救助的流浪猫或检查车辆剩余油量的每个细节一样。

与其写机器指令，不如用一种更容易读写的编程语言来写指令。一个叫作编译的过程就是将你写的代码转化为机器指令，这些机器指令会指挥芯片，就像运营部部长指挥其下属一样。

计算机系统和人类系统中通常有很多层级。还有许多被设计得更容易理解和应用的语言（比如 Python) 不需要把代码变成机器指令。相反，还有一种计算机程序，叫作"解释器"，它是由机器指令组成的。

用 Python 写的程序是 Python 解释器能理解的指令。Python解释器是机器能理解的机器指令列表。这就好比交通枢纽的不同层级中，罗曼站长不需要直接和运营人员交谈，而是通过运营部部长。

让计算机代码在 Python 上运行需要付出代价，就像让罗曼站长通过运营部部长与运营人员沟通要付出代价一样。在这两种情况下，*额外的信息传递层级都会使事情变得缓慢*。

如果用 Python 写程序，我们可能会担心，是否用其他编程语言写程序的运行效率会更高？可以想象，如果人工编写机器指令，而不是使用更人性化的编程语言，程序会运行得快一些。也许可以专门设计硬件结构来解决问题，而不是依靠机器指令，让程序运行速度更快。

这些理论上更快、更直接的方法同时也都更困难、更复杂。在人类解决一个问题所需要的时间和计算机实现人类设计的解决方案所需的速度之间，也存在着资源权衡。

第 9 节

罗曼站长让 IT 主管亚亚写一个程序，找到离全市每家每户最近的小型交通枢纽。

亚亚可以用 C 语言或 Python 编写程序。C 语言的运行时间为 10 秒，但执行同样任务的 Python 语言需要的运行时间为 70 秒，运行时间存在差异的原因之一是多了一个*抽象层*。

运行计算机程序的成本是每小时 0.12 元。这意味着，如果程序运行 900 次，运行速度较快的 C 语言需要 0.3 元，运行速度较慢的 Python 语言需要 2.1 元。这不是计算机科学，这是一个单位转换问题：$900 \times 70 \div 60 \div 60 \times 0.12 = 2.1$。

练习：

亚亚预计用 C 语言写程序需要 10 个小时，用 Python 写程序需要 8 个小时，已知亚亚的薪水是每小时 300 元。那么这个程序需要运行多少次,用C写程序才会比用Python语言更便宜?

- 30 次。

- 3000 次。

- 300000 次。

- 30000000 次。

正确答案:

300000 次。

答案解析:

由题可知,用运行快的语言（C 语言）写程序要多花 600 元（多花 2 小时）。运行较慢的程序需要多运行 1 分钟,程序运行每小时的成本是 0.12 元。有了这些数字就可以得到答案。

$$600 \div (0.12 \times \frac{1}{60}) = 300000$$

也许程序会被运行几百万次,运行速度快一点也是值得的。但人们经常愿意为抽象买单的原因之一是,它可以使正在构建的系统编写得更快,还可能帮助系统减少错误。

一个组织,或者一个计算机系统,可能会因为它的多个抽象层而变慢,但这些抽象层也可以使它更快速且正确地创建系统。这可能比一个快速但复杂的系统,或永远无法完成的系统要好。

第 10 节

罗曼站长又想出了如何在他的交通枢纽中加入抽象的概念：界定明确的部门，执行或多或少明确的任务。

有时，明确的目标有助于一个组织（或一个计算机系统）拆解成不同的单元。抽象化并不总是使系统变得更慢或更昂贵。但即使它使系统更慢或成本更高，人们也经常希望使用抽象，因为它使人们更容易设计、创建、重构和修复系统。

总结

● 抽象能透过表面现象抓住事物的本质，可以剥离细节让思考更加高效。

● 抽象的目标是让人们在脑海中更快、更高效地整理信息，忽略不相关的细节。

● 抽象的目的主要是帮助人类思考，而不是帮助计算机工作。

第8章

接口
——将解决方案封装，只关注结果

第 1 节

罗曼站长需要查询安全部门的所有记录，以便向市议会做汇报。他可以亲自去翻阅所有的档案记录，但他并不是一位基层管理者。于是，他成立了一个档案管理部门，请几名员工专门负责档案室相关的工作。

他拿起电话，给档案室拨了过去："请把所有的消防记录拿过来，午饭后我需要审查一遍。"

于是，等他吃完饭的时候，所有的消防记录已经在办公桌上等他了。

罗曼站长刚刚用了一种抽象的方式来解决他想要获取所有消防记录的问题，但他并不需要知道员工是如何完成这项工作的。

罗曼站长可以指定他的档案管理员做一些事情，比如可以要求他们搜索关于某个主题的所有档案，或者某个日期的所有档案。

不过他不需要要求档案馆去规避安全隐患，而只需要让他们完成档案的记录与整理工作。

当有一个抽象的清单时，你就知道该要求些什么，或者该考核些什么。

档案室的记录清单和罗曼站长吃午餐的餐厅的菜单没有太大区别：提出的请求都会有一些限制条件。当罗曼站长提出其中一个请求时，他希望能得到一些相对具体的回复。

西餐厅和档案室是两种抽象形式，在计算机科学中称它们为"为抽象提供其接口的清单"。

在计算机科学中，接口通常称为 API（Application Programming Interface，代表应用程序编程接口）。接口用来提供应用程序与开发人员基于某软件或硬件得以访问的一组例程，而又无须访问源码，或理解内部工作机制的细节。

接口的一个重要特性是可以在不知道它如何工作的情况下使用它。罗曼站长不需要知道午餐是如何做出来的，他只需要会点餐即可。这就是一个很好的例子。

在这种情况下，有人需要知道如何准备罗曼站长的餐厅订单，就像有人需要知道如何对所有消防事故进行记录一样。但这是一个可能很复杂的细节，不需要全部展示给罗曼站长，以便让他可以做其他事情。这便是抽象的好处之一。

对于计算机科学家来说，当有一个接口时，可能会有不止一个实现，这一点也很重要。

下面来回顾一下罗曼站长对安全部门所有记录的要求，想一想如何实现这个要求。

第 4 节

也许罗曼站长雇用了非常耐心地给袜子分类的小霄，他完成了罗曼站长的任务，把每一份档案翻了一遍，把所有安全部门的档案都归纳了起来。

练习：

这种方法最大的缺点是什么？

▶ 这种方法很慢。

▶ 这种方法需要雇用很多人。

▶ 这种方法需要很大的空间。

正确答案：

这种方法很慢。

答案解析：

小霄用这种方法很好地完成了这项工作,但是速度非常慢。

另一种选择是，也许图书管理员蔡蔡已经从图书馆的工作中请假，为罗曼站长工作。

蔡蔡受图书馆卡片目录的启发，整理了不同主题的安全记录的副本，比如按日期记录的、按事故类型记录的、按负责人记录的、按处理进度记录的、按严重程度记录的。

这意味着她可以根据主题快速找到所有关于安全部门的记录。

练习：

这种方法最大的缺点是什么？

▶ 这种方法很慢。

▶ 这种方法需要雇用很多人。

▶ 这种方法占用了很大的空间。

正确答案：

这种方法占用了很大的空间。

答案解析：

蔡蔡的方法是可行的，但会占用文件柜的很多空间。

如果蔡蔡尝试一种更先进的方法，将独立的索引存储在计算机数据库中，会更合理。但请记住，在计算机科学中，"空间"是用来描述计算机存储的用途的，将那些额外的信息副本以另一种顺序存储起来，以便更快地搜索，这就使用了大量的计算机存储空间，即使它不会占用很大的物理空间。

如果罗曼站长雇用了亮亮和他那些可以并行工作的烘焙助手呢？亮亮可以很容易地把所有记录分给助手们，快速找到那些关于安全事故的记录。

这种方法最大的缺点是什么？

▶ 这种方法很慢。

▶ 这种方法需要雇用很多人。

▶ 这种方法占用了很大的空间。

正确答案：

这种方法需要雇用很多人。

答案解析：

很多人协同工作才能快速完成这项工作。

上面使用了三种截然不同的方式来实现罗曼站长对安全部门所有记录的要求。但从罗曼站长的角度来看，这些方法的结果是一样的：他向档案室要求了所有安全事故的记录，然后拿到了它们。

这对罗曼站长来说可能很管用，直到：

也许部门的人事费太高了，需要缩减助理的数量以达到合理的程度。

也许市议会不满意罗曼站长的文件柜里摆满了档案记录，让他清理一下。

也许由于小霄的逻辑不够清晰，导致罗曼站长没有及时拿到结果。

罗曼站长需要检查一下接口是否能正确解决问题。一旦他以一种满足其优先级需求并合理的方式解决了这个问题，就可以把档案室当作一个抽象的事物来对待了。

抽象拥有接口，用来说明它们可以做什么和不能做什么。

在这个例子中，所有计算问题的解决策略都可以解决一个简单的问题：找到一小份罗曼站长要求的安全部门记录。

在计算机科学中，人们经常使用抽象来专注于一个复杂系统的一部分。一旦专注于大系统的一小部分，就可以考虑使用其他解决问题的策略来解决更易处理的问题。

总结

- 接口用来提供应用程序与开发人员基于某软件或硬件得以访问的一组例程，而又无须访问源码，或理解内部工作机制的细节。在计算机科学中，接口通常称为 API (Application Programming Interface)。

- 接口的一个重要特性是可以在不知道它如何工作的情况下使用它。

第 3 篇

算法思维

（高效工具的底层思维）

深入研究算法以破解谜题，解决复杂问题。

第9章

分而治之
—— "小而多" 胜 "大而少"

第 1 节

20 道题的 "你问我答" 是验证算法能量的一种很好的方式：将一个问题一分为二，以便处理各个部分，这是一种计算机科学家称为 "分而治之" 的解决方案。

首先，20 道题的 "你问我答" 游戏规则如下。

两人一组，一问一答。

当回答者在脑海中确认好一个物体时，游戏开始。

他不可以直接说出想象到的人或者物。然后，提问者开始提问，回答者只能如实回答"是"或者"不是"。

最后，在最多 20 个问题之后，提问者需要猜答案。如果猜对了，他就赢了。

想象一个 20 个问题的"你问我答"游戏的稍微简单的版本，回答者只能从百度百科几十万个演员中挑选一个（2018 年时约为 20 万，本章以此为例）。

练习：

作为提问者，提问策略应该是什么？计算机又想用什么策略提问？

提问者从百度百科的演员名单中随机挑选一位并提问：

"是阿米尔·汗吗？"

"是成龙吗？"

"是娜塔丽·波特曼吗？"

……

这是个好方法，游戏会有下面哪种情况？

🔺 回答者要花很长时间才能回答所问的问题，所以游戏会持续很久。

🔺 问了 20 个问题之后，提问者可能仍然不知道答案。

正确答案：

问了 20 个问题之后，提问者可能仍然不知道答案。

答案解析:

这个游戏限制了 20 个问题,这样做的好处是可以控制游戏时长。如果不限制问题数量,那么提问者可能会一直问,直到他猜出正确答案,玩一场比赛可能需要好几周。

回答者选的演员可能是任意一位,不一定是百度百科上排名前 20 的演员,所以就算提问者每次换一个人,也不一定能猜对。

提问者可以每次都问关于这个演员的某个信息,比如头发是否是棕色的、是否还活跃在荧幕上、是否为中国人等。

利用这些信息,提问者可以建立一个**决策树**,用一个相对"平衡"的问题,把 20 个演员划分成两组。这样,无论答案是"是"或"不是",都会排除一部分错误答案。

像这样将问题分成两个部分是计算机科学中一种非常实用的技术,这种技术的名称**"分而治之"**来自军事策略。

提问者想问一个关于百度百科上演员的问题。

如果提问者的目标是尽可能多地淘汰演员,不管问题的答案是"是"还是"不是"，那么在这四个问题中，提问者应该先问哪个问题？

- "这个人是中国人吗？"
- "这个人是成龙吗？"
- "这个人演过《杜拉拉升职记》吗？"
- "这个人是男性吗？"

正确答案：

"这个人是男性吗？"

答案解析：

第二、第三个答案可能只会消除一个或少数演员。

在其余两种选择之间做出决定比较困难：这需要考虑维基百科上列出了哪些类型的演员。

截至 2018 年，维基百科列出了约 20 万名演员，其中约 9 万人为男性。这意味着，不管回答者的答案是什么，问题"这个人是男性吗？"将帮助提问者缩小近一半的范围：要么排除约 11 万名演员，要么排除约 9 万名演员。不管是哪一种情况，约 90000 名演员都会被排除。

还可以通过下面这种方式来观察百度百科上的演员是如何根据各种问题分类的。

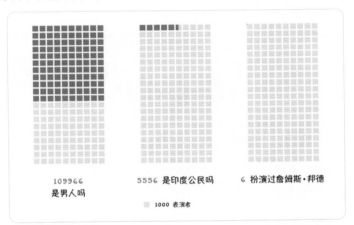

从图中看到，"这个演员是男人吗？"这个问题很好地将演员大致分成了两半。提问者在得到答案时，会排除掉非常多的演员，无论答案是"是"还是"不是"，都是如此。

维基百科中大约5500名演员是中国台湾人，在这个数据库中，大约每40名演员中就有一名是中国台湾人。如果提问者想冒险，他可能会直接问"这个演员是否来自中国台湾"，从而大大缩小范围，但答案更可能是否定的，从而只能排除一小部分的演员。

因为参演过《杜拉拉升职记》的人数量有限，所以问演员是否参演过这部电影，本质上并不比每次只询问关于某一个指定演员的问题更有帮助。

但你有没有想过，为什么维基百科的演员数据库中，男性比女性多 20%，或者中国演员比印度演员多 5 倍？这是个很重要的问题。维基百科是由某些人编制的，某种程度上反映了人类掌握信息的局限性。因为计算机可以高效而果断地做出决策，所以我们需要正视这些局限性在计算机反馈的决策中的影响力。

20 个问题的"你问我答"游戏可以用一个图表来展示。

下图是采用同样的 20 个问题的"你问我答"游戏结果，横轴代表问题数量，纵轴代表未排除的人数。

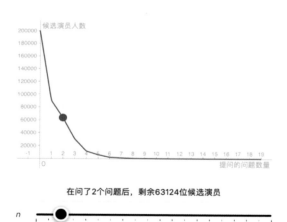

在问了 2 个问题后，剩余 63124 位候选演员

如果把纵轴数值变成以 2 为底的对数，那么图示曲线会更加清晰。2^{18} 比 20 万大，所以纵轴上的初始数值比 18 稍微小一些。

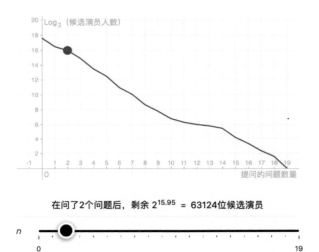

在问了2个问题后，剩余 $2^{15.95}$ = 63124位候选演员

n

0   19

练习：

2^{10} 是 1024，在上述游戏中，问完多少个问题后，还剩大约 1000 个参与者？

正确答案：

7 个。

答案解析：

纵轴是以 2 为底的对数，$1000 \approx 2^{10}$，当纵轴坐标为 10 的时候，横轴坐标为 7，即 7 个问题。

你可以登录开课吧学习中心，在线上课程中操作滑块来查看问题数量与剩余人数的对应关系。在 7 个问题之后，剩下大约 1000 名参与者。

20 个问题的"你问我答"游戏中，每一道题都试图在"是"和"不是"所囊括的演员数量间寻求良好的平衡。

以这种方式平均分配演员，意味着不会因为提问者"运气好"而有更多的演员排除，也不会因为"运气不好"而排除很少的演员。

练习：

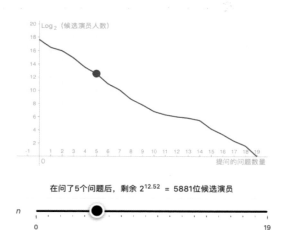

在问了5个问题后，剩余 $2^{12.52}$ = 5881位候选演员

根据这张图，以下哪一个问题最明显地导致提问者面对两个数量差异较大的分组而错失良机？

▶ 第 5 个问题。

▶ 第 7 个问题。

▶ 第 13 个问题。

▶ 第 16 个问题。

正确答案:

第 13 个问题。

答案解析:

图中的曲线在问题 11 和问题 14 之间明显变得平缓,说明这些问题排除了较少的候选人。

从问题 13 和问题 14 的人数差值来看,问题 13 将 64 名演员分成了 56 人和 8 人两组,然而提问者只淘汰了 8 人。

如果提问者提出的问题可以将所有演员完美地一分为二,那么游戏就能用一个几乎完全是直线的图形来表示。

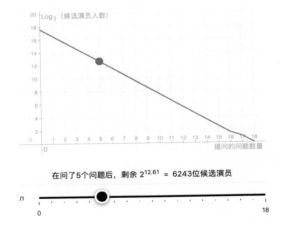

在问了 5 个问题后,剩余 $2^{12.61}$ = 6243 位候选演员

练习：

为什么这条线不完全笔直地指向右下方？提示：你可以在开课吧学习中心的线上课程中使用滑块查看每个步骤的人数。

▸因为到了最后，线条会越来越陡。

▸因为在这个例子中，提问者的运气很好。

▸因为三个演员不能平均分成两组。

▸因为对数在小数值下是不稳定的。

正确答案：
因为三个演员不能平均分成两组。

答案解析：
当剩下三个演员时，所提问题必须把他们区分两个演员和一个演员。

上图代表了游戏的真实情况，当剩下三个演员时，提问者用第 16 个问题淘汰了一个演员，这使得线条末端变得平缓。

总是分成平均的两组真的更好吗？那要视情况而定。

如果你是提问者，并且知道回答者很喜欢宝莱坞电影，那么问这个演员是不是印度人可能是有道理的。当然，如果回答者预料到了这一点，那么他不太可能选择印度人。

第 10 节

假如你没有必要试图让对手心理崩溃，那么可以尝试问五五分的问题。

这张图显示了在 20 万名演员身上反复模拟 20 个问题的游戏数据，它们都是五五分的问题。

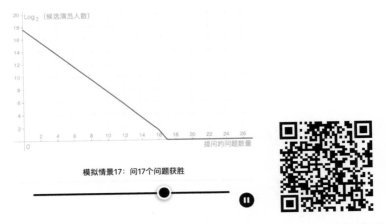

模拟情景17：问17个问题获胜

如果提问者只问能五五分的问题，那么对于 20 万名演员、20 个问题的"你问我答"游戏需要多少个问题才能获胜？（多选题）

▶ 15 个问题。

▶ 16 个问题。

▶ 17 个问题。

▶ 18 个问题。

正确答案：

➤ 17 个问题。

➤ 18 个问题。

答案解析：

通过观察模拟结果，你会发现答案是 17 或者 18。

为什么有两种答案？最后还剩三个演员的时候，提问一个问题，会把演员分成两组，一组有一个人，一组有两个人。如果运气好的话，你可以马上确定或猜出答案，反之，就要多问一个问题。

一般来说，由于存在奇数的组别可能会让两组变得不均匀，所以图形会有一些波动，但即使模拟了所有的可能性，最终问题数只会是 17 或 18。而在计算机科学中，这有时也是一种精细的答题方式。

计算机科学家可能会用对数作为捷径，例如，$200000=2^{17.61}$，而 17.61 介于 17 和 18 之间，这只是分而治之的两种可能性（你知道为什么吗）。

使用五五分的问题是一贯的策略，例如，将 20 万名演员分成各有 10 万人的两组，将 12 名演员分成各有 6 人的两组。

当然还有很多其他的选择，比如使用三七分（25:75）的问题。三七分即将 20 万名演员分成两组，一组包含 30% 的演员，另一组包含 70% 的演员，或者将 30 名演员分成两组，分别包含 9 人和 21 人。

但三七分策略下，如果幸运的话，演员数量会极快地减少，倘若不幸运，提问者将面临更难的挑战。为了偶尔出现的幸运，这样的挑战是否值得？

下图中，如果按下"播放"按钮，可以看到模拟两个不同版本的 20 问题"你问我答"游戏的结果。红线表示使用五五分策略创建偶数组，而紫色线表示使用三七分策略，一个组比另一个组的人数大两倍多。

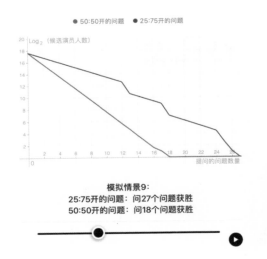

● 50:50开的问题　● 25:75开的问题

模拟情景9：
25:75开的问题：问27个问题获胜
50:50开的问题：问18个问题获胜

练习：

用 20 个问题来确定 20 万演员中的一人，最好的策略是什么？

⬏ 问五五分的问题。

⬏ 问三七分的问题。

⬏ 两种方式都奏效。

正确答案：
问五五分的问题。

答案解析：
通过使用五五分策略一定能够在 20 个问题之内获得答案，而使用三七分的策略则可能会需要超过 20 个问题才能获得答案，从而导致提问者输掉比赛。

第 13 节

练习：

如果玩的是 15 个问题的游戏，而不是 20 个，同样还是需要从 20 万个演员中锁定一个人，想要最大的获胜概率，那么应该问五五分的问题还是三七分的问题？

⬏ 问五五分的问题。

↖ 问三七分的问题。

↖ 两种方式都奏效。

正确答案：

问三七分的问题。

答案解析：

针对 15 个问题，坚持五五分策略的提问者将总是需要 17 或 18 个问题来确定一个演员，所以他必定会输掉比赛。

但使用三七分策略的结果是不确定的。模拟结果表明，提问者有一定概率在 15 个或更少的问题之内获得胜利，当然，也有一定的概率会输掉比赛。

第 14 节

仅仅进行反复的模拟很难判断两种策略的优劣性，但在 20 个问题的"你问我答"游戏中，五五分的策略不仅更稳定，平均速度也更快。

如果使用三七分问题，最多需要 39 个问题才能在 20 万名演员中确定一个人，这是最坏的情况。然而，运气好的话可能只需要 9 个问题！这是最好的情况，从 20 万名演员中随机找到一个演员平均需要 21.2 个问题。

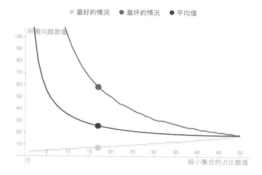

问17:83开的问题
最好的情况：需要7个问题
最坏的情况：需要58个问题
平均需要25.5个问题

相比而言，在最坏的情况下，使用五五分策略获得答案需要18个问题，在最好的情况下是17个问题，平均是17.7个问题。

这并不意味着总是应该将演员尽可能平均地分成两半。如果没有任何关于"回答可能锁定了哪位演员"的额外信息，或者如果提问者比较看重稳定的分割平衡，那么平均分而治之是最好的方法。

总结

● 将问题分成两个部分是计算机科学中一种非常实用的技术。这种技术的名称来自军事策略：分而治之。每个策略都会有最好和最坏的情况。

● 在现实生活中，我们需要根据实际情况和要求灵活选择策略，以便获得最优解。

第10章

二元搜索
——"是非分明"的思维

第 1 节

20个问题"你问我答"的猜谜游戏展示了将大量答案分成两部分的力量,一次排除一半的答案,然后再次进行划分。在本章的学习中,你将创建一个基于分而治之策略的算法。

现在来做一些在计算机科学中非常常见且重要的事情:把你从特定20个问题的游戏中学到的经验应用到一个新的游戏中。这个新游戏更通用,也更接近20个问题背后的基本数学原理和问题解决思路。

我心里有个正整数

在新游戏中，回答者将锁定一个正整数，而不是一个演员。

提问者必须猜出回答者选择的数字。每次猜测之后，回答者会说这个数字是太小、太大，还是猜对了。

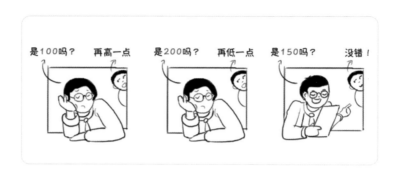

练习：

在这个游戏中，假设你的策略是按顺序猜测数字：是 1 吗？是 2 吗？是 3 吗？……这时你会听到哪些答案？（多选题）

↖ 猜对了。

↖ 答案比这个数字小。

↖ 答案比这个数字大。

正确答案：

↖ 猜对了。

▶ 答案比这个数字大。

答案解析：

这种策略下，你永远不会猜到比答案大的数字。所猜测的数字一直会比正确答案小，直到最终找到正确的数字时，你的对手会说"猜对了！"，那么比赛就结束了。

逐一提问"是 1 吗？""是 2 吗？""是 3 吗？"是一个完成数字猜测游戏的算法，但也是一个糟糕的算法。

如果游戏一开始就有一个上限（一个可能的最大数字），那么提问者的最佳策略就是一种叫作**"二元搜索"**的算法。

提问者会记录一个数字可能出现的**"猜测区间"**，并且总是提问这个区间内的数字。

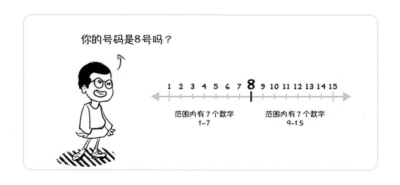

如果提问者一开始就知道正整数答案小于 16，那么他的猜测区间是 1~15，他猜 8。

如果回答者告诉他数字大于 8，那他会把猜测区间改为 9~15。

如果回答者告诉他数字小于 8，那么他将把猜测区间改为 1~7。

这两个区间正好都包含 7 个数字，因此选择 8 是将猜测区间分成两部分的最佳方法。

练习：

如果猜测区间是 1~15，提问者猜 8，然后回答者说答案大于 8，提问者下一步应该猜什么数字？

正确答案：

12。

答案解析：

下一步应该猜测 12，这个数字正好在区间 9~15 的中间。

如果 12 太大，新的猜测区间将是 9~11；如果 12 太小，新的猜测区间将是 13~15。这两个区间都只包含 3 个数字。

如果你认为答案是 11，那么你可能认为此时的猜测区间是 9~14，而不是 9~15。

如果你认为答案是 3 或 4，那么你就走错了方向：如果答题者的数字大于 8，猜测区间就会变成 9~15，而不是 1~7，如果答题者表示数字小于 8，猜测区间就会变成 1~7。

第 **4** 节

如果你作为提问者玩这个游戏，当前的猜测区间是 3~3，那么你就知道答案就是 3。

但根据游戏规则，你还需要猜一次才能获胜。

如果猜测区间是 1~3，你需要猜一次或两次才能获胜。

你问道："数字是 2 吗？"

① 对手："不是，答案比它大。"

你叹了口气，接着问："是 3 吗？"

对手："是啊！猜得真准！"（两次获胜）

② 对手："是啊！猜得真准！"（一次获胜）

如果只能猜 4 次，在保证胜利的情况下，猜测区间最大是什么？

▶ 1~7。

▶ 1~15。

▶ 1~31。

▶ 1~63。

▶ 1~127。

正确答案：

1~15。

答案解析：

解决这个问题的一个方法是倒推。

最有效的猜测消除了中间的一种可能，左右为大小相同的区间。

猜 1 次：如果猜测区间大小为 1，则始终获胜。

猜 2 次：如果猜测区间大小为 1+1+1=3，则始终获胜。

猜 3 次：如果猜测区间大小为 3+1+3=7，则始终获胜。

猜 4 次：如果猜测区间大小为 7+1+7=15，则始终获胜。

根据这个规则，你也许会提出一个假设：若有 n 次猜测机会，如果猜测区间不超过 2^n-1 个数字，就总能获胜。

上一节的学习揭示了一个规律：最大的猜测区间和 2 的幂有一定关系。

练习：

如果数字可能在 1~200000 之间，你需要猜多少次才能在游戏中获胜？

可参考以下算式：

$2^{15}=32768$。

$2^{16}=65536$。

2^{17}=131072。

2^{18}=262144。

2^{19}=524288。

2^{20}=1048576。

正确答案：

18 次。

答案解析：

200000<262143（即 2^{18}-1），若有 n 次猜测机会，如果猜测区间不超过 2^n-1 个数字，你就总能获胜，所以答案为 18 次。

现在，即使猜测区间有 100 万个数字，你也可以轻松找到正确答案。

总结

● 二元搜索是建立在分而治之这一思想基础上的一种算法，可以非常快速地在一系列数字中找到所需的数字。

● 二元搜索是任何计算机科学家工具箱中的基本工具，它也是分而治之策略的一个很好的例子。将问题一分为二以更快地解决它们是计算机科学中反复出现的概念。

第11章 描绘游戏和谜题
——用计算机能理解的方式来描绘

第 1 节

计算机可以通过精密计算在游戏中战胜人类。机器人在 20 世纪 90 年代战胜了世界上最优秀的跳棋选手，后来又战胜了世界上最优秀的国际象棋选手和围棋选手。

如果想让计算机挑战一个游戏，第一个任务就是用计算机能够理解和操作的方式向它解释游戏的工作原理。

这次探索将研究如何用图来表示一个逻辑谜题。这种表示方式可以在接下来的探索中使用图算法来解决难题。

你以前可能听过这个有意思的谜题。

一个船夫要把三样东西运过河：一只鹅、一大包豆子和一只狐狸。

如果不看管鹅，鹅就会吃豆子。

如果不看管狐狸，狐狸就会吃鹅。

然而过河的船又小又旧，在河面上摇摇欲坠，为保安全，船只能容纳船夫和另外一样动物或物品。

船夫能带着鹅、豆子和狐狸过河吗？你可以先尝试解决一下这个难题。在这次的学习中，你将专注于系统地解决这个问题，目标是创建一个解谜算法——一套计算机可以实现的规则。

如果想让计算机玩一个游戏或解决一个谜题，第一步就是具体描述元素的所有排列方式。

这个谜题有四个元素：鹅、豆子、狐狸和船夫。

首先来观察一下,四个角色可以在任意的三个位置: 左岸(出发地)、船上（过河中）、右岸（目的地）。

如果只记录四个角色的位置，上图的场景可以用这种方式展示：

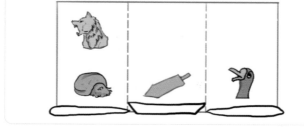

当你以一种特定的、预先确定的形式来获取信息时，把这些信息存储在计算机上就更简单了。然而，一些细节也会在简化的表述中丢失。

练习：

在这种简化中丢失了什么信息？

⯈ 右岸的人数。

⯈ 狐狸的位置。

⯈ 船靠近哪边。

正确答案：

船靠近哪边。

答案解析：

上述简化只是跟踪四个角色是否在船上，但没有办法描述船在河中的位置，或船正在往哪个方向移动。

这便是需要简化掉的细节。

上面已经简化了谜题。再用不同的符号代表各个角色，它们可以位于三个地方的任何一处：左岸、右岸或船上。下面是一些可能的排列方式，第一个是初始状态。

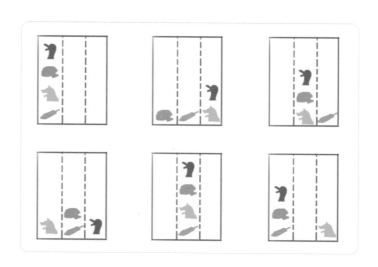

现在有 3^4=81 种组合方式。

练习：

下列说法正确吗？

81 种组合方式意味着船夫需要移动 80 步才能到达对岸。

▶ 正确。

▶ 错误。

正确答案：

错误。

答案解析：

有 81 种组合方式并不意味着船夫必须尝试所有的方式。从初始状态到获得解决方案，实际探索的方式要比 81 种少得多。

而且 81 种方式中有一部分是不可行的，比如上图中的第五幅——所有人都在船上，这将导致沉船；或者第二幅——狐狸和鹅在一起，而且没有船夫看管，这会导致狐狸吃掉鹅。

现在你已经知道如何用计算机能够理解的方式来描述 81 种组合方式。其中有些方式违反了谜题的规则，例如，所有角色都在船上。

让计算机解决谜题的下一步是描述游戏规则。

在这个谜题中，船夫是唯一可以在船和两岸之间自行移动的角色。如果船夫在岸上，他就只能移动到船上。如果船夫在船上，就可以移动到任何一个岸边。

当船夫移动时，他可以选择将另外一个角色从原位置移动到新位置。

练习：

请扫码观看视频以作答。哪个动画代表船夫不携带任何角色？

⬆A 动画。

⬆B 动画。

⬆C 动画。

正确答案：

B 动画。

答案解析：

在 A 动画中，船夫把鹅从左岸移动到船上。

在 B 动画中，船夫什么也没带。

在 C 动画中，船夫把豆子从左岸运到船上。

练习：

从初始组合（所有角色都在左岸）开始，一次移动可以达到多少种不同的组合？记住，船夫是唯一可以移动的角色，并且可以携带任何其他角色，但最多只能携带一件东西。

在这个题目中，可以考虑任何不可取的安排，例如，狐狸和鹅在没有船夫监督的情况下留在岸上。

正确答案：

4 种。

答案解析：

船夫可以独自上船，也可以带着鹅、狐狸或豆子，所以有四种状态的移动，尽管其中大多数是不可取的。

练习：

从左侧状态到右侧状态所需的最小移动次数是多少？

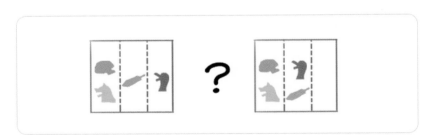

正确答案：

两次。

答案解析：

需要两次。首先，船夫需要从船上移动到右岸（船上什么也没有，所以船夫没有携带任何东西）。

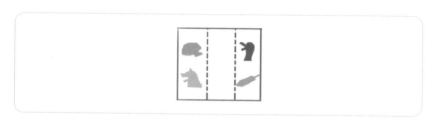

然后，船夫在右岸把鹅放在船上，达到目标状态。

关于过河问题还有一个有趣的事实：移动是可逆的。如果船夫坐船来到右岸，那么必然会有一个相反的动作，即船夫从右岸回到船上。

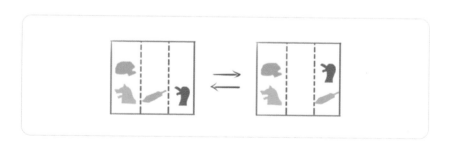

许多游戏没有可逆的动作，比如在井字棋棋盘的右下角标记一个"X"时，棋局就不能再出现右下角没有标记的情况。

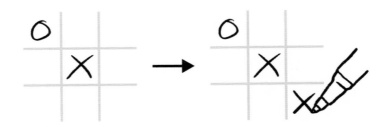

练习：

游戏中的哪些动作是可逆的？

‣ 在象棋比赛中抓住帅。

‣ 在迷宫里走左边的路。

‣ 以上都是。

‣ 以上都不是。

正确答案：

在迷宫里走左边的路。

答案解析：

在迷宫游戏中，如果走到了死胡同，还可以从这条路返回，去探索另外一条路，所以迷宫中的动作是可逆的。

相比之下，抓住帅是不可逆的。国际象棋没有一种棋步可以"释放"刚抓到的帅（即使兵升级也不能回到之前的状态，因为升级之前的兵已经消失了）。

现在你已经懂得了用算法解题所需的三部分中的两部分：

① 你知道什么是组合方式。

② 你知道哪些组合可以通过一次移动转换为其他组合。

这意味着船夫的移动规则定义了一个排列结构，所有这些结构都是**通过行动来连接**的。

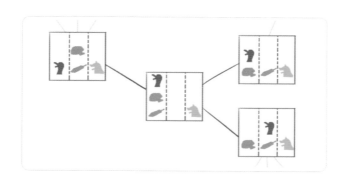

在之前对"哥尼斯堡7桥"谜题的探索中也学习了这个结构。它是一个图，其中的顶点是某种组合，有一条边连接任意两个顶点。

这个图并没有涵盖所有的游戏规则。81种可能的组合（顶点）中包括一些不可取的方案，如沉船或鹅吃豆的情况。该图只是总结了所有的移动规则：船夫是唯一可以移动的角色，而且只能携带狐狸、鹅、豆子中的一个，或者独自移动。

这就是为什么上面中间的图有三条连接的边，即船夫处于这个位置时可以做三件事。

① 独自上船。

② 带着豆子上船。

③ 带着鹅上船。

练习：

在由 81 个组合顶点构成的图中，任何顶点连接的最大边数是多少？提示：具有最大连接边数的顶点是船会下沉的组合。

正确答案：

8。

答案解析：

连接边最多的状态是每个角色都在船上。

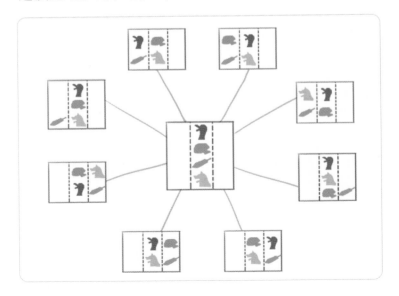

这种情况下共有八种组合方式，其中，船夫独自或只带着一个角色移到左岸有四种情况，反之也有四种（移到右岸）。

现在你已经把过河谜题理解成了一个图形问题，其中，*组合方式是顶点，移动是顶点之间的边*。你可以考虑通过探索这个图来解决谜题。

还有最后一条信息是算法解题必备的，即有些组合方式是不可取的，这些不可取的方式必须完全避免。

你可以用三条规则来*描述*这个谜题中*所有不可取的方式*。

① 规则一：狐狸和鹅不能单独在一起 (a)，同样，鹅和豆子也不能单独在一起 (b)。

这种排列方式违反了规则一。豆子和鹅单独在一起，鹅会吃掉豆子。

②规则二：除非船夫在船上，否则船上不能有其他的角色。

这种排列方式违反了规则二。没有船夫在船上，鹅会从船上逃走。

③ 规则三：船上的角色不能超过两个，否则会沉船。

这种排列方式违反了规则三。船上有三个角色，所以船会沉下去。

练习：

请指出上图违反的所有规则及原因。（多选题）

▶ 规则一（a）：没有船夫看管，狐狸和鹅单独在一起。

▶ 规则一（b）：没有船夫看管，鹅和豆子单独在一起。

▶ 规则二：船上没有船夫。

▶ 规则三：船上角色太多，会沉船。

▶ 以上都不是。

正确答案：

▶ 规则一（a）：没有船夫看管，狐狸和鹅单独在一起。

▶ 规则二：船上没有船夫。

答案解析：

违反了规则一（a）：狐狸和鹅单独在一起。

没有违反规则一（b）：鹅和豆子不在一起。

违反了规则二：鹅和狐狸在没有船夫的情况下在船上。

没有违反规则三：船上的角色不超过两个。

选择此图违反的所有规则及原因。（多选题）

▶ 规则一（a）：没有船夫看管，狐狸和鹅单独在一起。

▶ 规则一（b）：没有船夫看管，鹅和豆子单独在一起。

▶ 规则二：船上没有船夫。

▶ 规则三：船上角色太多，会沉船。

▶ 以上都不是。

正确答案：

规则三：船上角色太多，会沉船。

答案解析：

没有违反规则一（a）：狐狸和鹅在一起，但是受船夫看管。

没有违反规则一（b）：鹅和豆子不在一起。

没有违反规则二：鹅和狐狸占据了船，但是船夫和他们在一起。

违反了规则三：船上有三个角色。

现在把过河难题理解为一个图，那么解决这个难题的方法就是**找到图中的一条路径**，这条路径从起始状态到目标状态，途中不经过任何不可取的顶点。

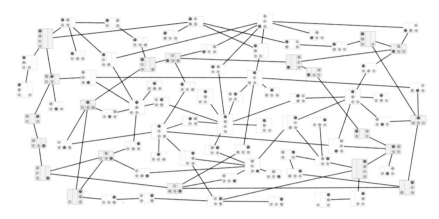

上面是谜题所描述的图形。符合规则的组合是绿色的，其他颜色的组合是不可取的。

这张图太复杂了，人类很难判断是否有正确路径。然而，对于计算机来说，解决这类图形难题是没有问题的。

本章所探索的方法并不是在计算机上描述这个谜题的唯一方法，我们可以用更多的细节来描述其中的组合方式：也许可以探测到船在左岸还是右岸。同样，也可以用更少的细节来表达这些组合方式——也许根本不用船。

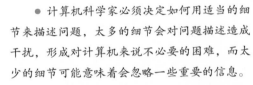

总结

● 计算机科学家必须决定如何用适当的细节来描述问题，太多的细节会对问题描述造成干扰，形成对计算机来说不必要的困难，而太少的细节可能意味着会忽略一些重要的信息。

● 在生活中遇到难题时，可以尝试将难题转换为计算机可以理解的具体问题，以提高解决问题的能力和效率。

第12章 图搜索

——重点是过程，而非终点

第 1 节

在之前的探索中，你学会了如何将一个经典的过河谜题表示为一个图形。你可能很想把谜题中的三个位置（左岸、河流和右岸）表示为顶点，也可能很想把谜题中的四个角色（农夫、鹅、豆子和狐狸）表示为顶点，或者表示为边。

这些方法在某些情况下也可能是有用的。但在前面的学习中，我们将每个单独、完整的组合方式表示为一个顶点：任何一种将四个角色排列在三个位置的方式都是一个顶点。

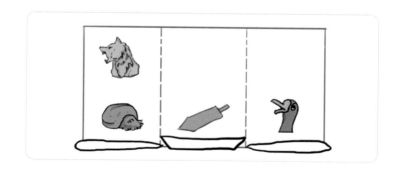

图中的一条边连接两个顶点。此时船夫可以通过在岸和船之间移动，将一种组合转换为另一种组合，同时他可以携带三个角色中的任意一个。图中有81种组合方式，这个数值相当大！

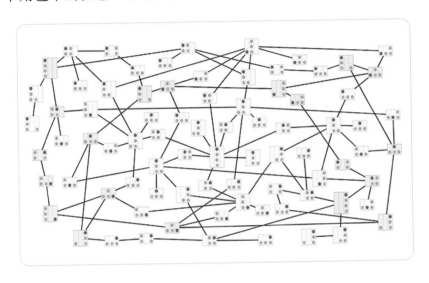

第 2 节

要解决这个过河谜题，船夫必须把所有角色从左岸带到右岸。这可以重新表述为：在图形中找到一条路径。

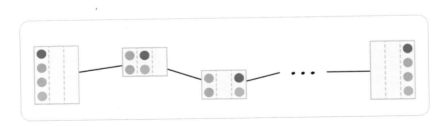

从所有角色都在左岸的组合变换到所有角色都在右岸的组合的路径代表谜题的解决方案。

练习：

下面是过河谜题解决方案的一部分。从图中最左边的组合到最右边的组合要经过多少条边？

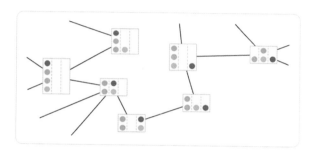

正确答案：

5 条。

答案解析：

从最左边的组合到最右边的组合共有 5 条边，如下所示。

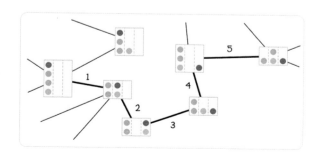

然而，在过河的方式中，并不是任何路径都可以。在之前的探索中，我们创建了一些规则，将一些组合（也就是一些顶点）描述为不可行的方案。

因此，游戏的实际解决方案所对应的路径不能经过任何不可行的顶点。也就是说，这条路径必须避开所有代表船沉了、鹅吃豆子、狐狸吃鹅的顶点。

解决这个问题的算法并不需要知道某种组合不可行的具体原因，它只需要知道这个组合可行或者不可行即可。下图用绿色表示可行的组合。

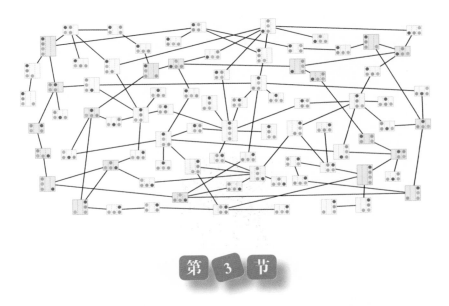

第 3 节

观察这道题的图形结构，想象一个算法来寻找可行路径。你只需要跟踪当前的组合（你目前在图中的位置），以及以前的组合（你在图中的上一个位置，在你现在所在位置之前）。

从所有角色都在左岸的组合开始，反复进行以下操作。

① 如果当前的组合是所有角色都在右岸，那你就成功了。

② 找出所有通过一次移动与当前组合相连的组合。

③ 在这些组合中，消除之前的组合（如果有的话）。

④ 进一步消除所有不可取的连接组合。

⑤ 在剩余的组合中选择一个。如果没有剩余的，就放弃重来，返回之前的组合，让当前组合成为新的组合，所返回的组合成为新的"当前"组合。

这一系列的指令是人类可以理解的，也可以作为一种算法被计算机执行。将这个算法应用到鹅、豆子、狐狸、船夫的问题上，就可以成功找到正确的解决方案。

练习：

请扫码查看视频以作答。在这个解决方案中，代表鹅的紫色圆点跨越河流多少次？

正确答案：

3 次。

答案解析：

在这种组合中，鹅（紫色点）和船夫一起过河 3 次。

这个动画中的算法解决了难题，但实际上，该算法并不是一定能找到解题方法。

算法中的一个步骤是"从剩余的排列中挑选一个"。

练习：

在上面的动画中，在消除了之前的组合和不可行的组合之后，还有两次有不止一种组合选项。这种算法的描述有些模棱两可。

这是什么意思呢？

▶ 该算法只能在量子计算机上实现。

▶ 该算法不能在计算机上实现。

▶ 该算法的所有实现将使用随机变量数字。

▶ 两种算法的实现可能是不同的。

正确答案：

两种算法的实现可能是不同的。

答案解析：

算法描述的模糊性意味着不同的实现可能会有不同的行为。

这并不是计算机科学所特有的：算法是指令的一种形式，如果给人们下达含糊不清的指令，那么预计不同的人会以不同的方式实现这些指令。比如，如果让两个人去买汽水，一个人可能会买橘子汽水，另一个人可能会买可乐。

一些计算机科学家可能会认为，一个不完全确定的算法不是真正的算法。然而，这与"算法"一词的使用方式并不符合：现实世界中许多关于计算机科学算法的描述都存在一些歧义。

上述算法不一定能解决过河难题，因为存在一个可行组合的循环。当动画运行时，无论是在复杂的大图中，还是在

动画运行时的放大图、步骤图中，都很难看到这个循环。下面是一幅更清晰的图片。

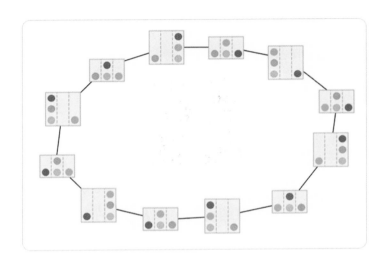

你刚才看到的简单算法可能会在一个循环图形中找到一个解决方案，但它也可能困在循环中，一直循环执行。这并不意味着这个算法错了或出问题了，但确实意味着它并不是你需要的那样通用。

在计算机科学中，很常见的是：一个简单的算法适用于一个有限的问题，而要解决更普遍的问题则需要一个更复杂的算法。有许多非常重要的算法用于在有循环路径的图中寻找解决路径。

最常见的两种算法叫作"**广度优先搜索**"和"**深度优先搜索**"，但这是另一个可探讨的话题。

描述过河难题的图有 81 个顶点。然而，上述简易算法每次只需要看少量顶点：代表当前组合方式的顶点，以及代表其下一步组合方式的所有顶点。

在任何一个时间点，上面所描述的算法只需要跟踪一个当前的组合和它下一步所有的组合（包括可取的和不可取的），以及行动路径。

练习：

上面显示的算法一次最多处理的顶点数是多少？

▶ 2 个。

▶ 5 个。

▶ 9 个。

▶ 81 个。

正确答案：

5 个。

答案解析：

在第一步中，算法需要计算初始组合及其下一步的四种组合方式，一共五种。

在前面的学习中可以看到，一种组合（四个角色都在船上）有八个后续组合方式，即共有九种，但是，这种情况在解题过程中永远不会出现，所以所有与它连接的一两步的排列也是不可行的。

第 7 节

我们可以写一个解决过河谜题的算法，此算法不必列出所有的 81 种组合方式。换一种方式说，就是可以在不写出所有顶点和边的情况下，找到一条可行路径。

这一点对于解决更复杂的问题来讲至关重要。像国际象棋这样复杂的游戏，它的算法和过河谜题很相似：用一个图形表示下棋过程，棋盘的排列是顶点，棋子的移动是边。

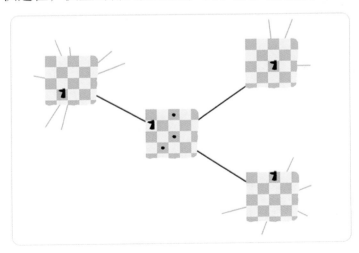

最大的区别在于，过河谜题有几十种组合方式，而象棋或跳棋类型的游戏有数万亿种组合方式，比硬盘上存储的组合方式多数百万倍。在不把整个图形描述出来的情况下找到可行路径是至关重要的。

练习：

如果你想把国际象棋游戏完全理解为一个图形，除了知道每一个顶点连接到另一个顶点的规则，还需要什么额外的信息？

- 棋盘的棋子数量。
- 皇后的数量。
- 现在轮到谁了。
- 棋局剩余的时间。

正确答案：

现在轮到谁了。

答案解析：

移到下一步之前，首先需要知道现在轮到谁了。棋手只能在自己的回合移动棋子，也只能在对手的回合中被吃掉棋子。

如果你是一个棋迷（或者可能只是一个图形爱好者），你可能已经注意到这个答案实际上是不完整的。因为棋盘的排列和下棋的轮次都是在棋盘上进行的，知道棋盘的排列和轮次还不足以描述有效的规则是什么。国际象棋有一个招式，即顺手抓卒，这取决于前一个招式。还有一种棋步：投子，这取决于棋手的王或车是否移动过。所以，要完全了解国际象棋中的有效招式，就必须跟踪以下内容。

①现在轮到谁了。

② 目前可以吃的棋子（如果有的话）。

③ 哪些棋子可以走。

总之，国际象棋是一个相当复杂的游戏。

你已经看到了解决一个具体谜题的常规方法，但这只是一个简单的谜题，而且你可能不需要仔细思考就能解决。本章探索的具体谜题，以及开发的具体算法，并不是这次探索的重点。

我们练习的重要技能是对一个问题有严谨的理解，然后开发出一种算法来寻找解决方案。深入理解一个问题并考虑解决问题的算法是计算机科学家最重要的技能之一。

就像很多时候，重点不是终点，而是旅程。

总结

● 在计算机科学中，很常见的是：一个简单的算法适用于一个有限的问题，而要解决更普遍的问题则需要一个更复杂的算法。有许多非常重要的算法用于在有循环路径的图中寻找可行路径。

● 算法描述的模糊性意味着两个不同的实现可能会有不同的行为。